トコトンやさしい

コラーゲン

野村義宏

コラーゲンは
靭帯などを構
タンパク質で
さまざまな用途
れてきました。近年は化粧品や医薬品、健康食品としても活用が進むコラーゲンの生成や機能、働きの秘密に迫ります。

B&Tブックス
日刊工業新聞社

はじめに

「コラーゲン」と聞くと、みなさんは何を思い浮かべますか？
「健康と美容に良いコラーゲンドリンク」「肌に潤いを与えるコラーゲン入り化粧品」というような宣伝文句が、パッと頭に浮かぶ方は多いでしょう。これらの商品から、「コラーゲンは肌や体に良いもの」というプラスのイメージがあるかもしれません。もう少し詳しい人からは、「皮膚や骨をつくっているタンパク質」という言葉も出てくるでしょう。この、コラーゲンに関わるトピックはまだまだたくさんあるのです。

食べるゼリーを固める「ゼラチン」はコラーゲンを分解したもので、「膠（にかわ）」と呼ばれることもあります。膠・ゼラチンは、古くはエジプトのミイラを納めた棺桶やバイオリンなどの楽器の接着剤、煤を固めて墨をつくる材料として使われてきました。近年でも、写真フィルムやマッチの材料、食品として広く使われてきました。最近では、コラーゲンドリンクに代表される機能性食品や化粧品、そして最先端の再生医療の部材にまで広く利用されるようになっています。

このコラーゲンは、動物の体の皮膚や骨、靭帯などで組織の構造を維持する成分として重要な役割を担っています。遺伝情報を司るDNAは二重らせん構造であることは有名ですが、コラーゲンはアミノ酸が連なった3本の鎖が絡み合った三重らせんというちょっと変わった構造を持った巨大分子です。そして人間の場合、28種類の異なるコラーゲンが見つかっています。コラーゲンの種類や性質は動物が変わると異なり、この違いは動物の進化とも大きく関わってきます。

この本では、コラーゲンについて科学的な側面から利用まで、多面的・網羅的に紹介しています。科学的な側面からは、「コラーゲンとは何か?」から始まり、その種類や機能、動物による違い、生合成や分解などを紹介しています。利用面では、産業利用のための多種多様なコラーゲンとその派生物質や、古くから人類に使われてきた形態から最新の応用分野、医療や老化、そして難病との関わりまで幅広い情報を取り上げています。

この本を読んだ読者の方が、「コラーゲンはドリンクや化粧品に入っていて、肌や体に良いもの」という知識を超えて、その多元的な性質、いろんな分野で利用されている姿について理解を深めていただければと思っています。そして、それがヒトや生体の理解につながり、コラーゲン利用の拡大につながっていけば、著者としては望外の喜びとなります。

2023年3月

野村 義宏

トコトンやさしい

コラーゲンの本

目次

第1章
コラーゲンってなに？

目次 CONTENTS

第2章
体の中のいろいろなコラーゲン

第3章 動物や進化で異なるコラーゲン

第4章 コラーゲンはどうやってでき、どう分解される?

第5章
革や墨、膠、写真フィルムもコラーゲン

第6章
食べる・飲むコラーゲン

第7章 コラーゲンと美容

第8章
コラーゲンと病気・医療

【コラム】

第1章

コラーゲンってなに？

1 そもそもコラーゲンってなんだろう？

みなさんは、コラーゲンについてどのくらい知っていますか？「皮膚や骨、腱などに多く含まれ、人体を構成する主要なタンパク質」であり、「医療や健康、美容などの分野で重要な役目を果たしている」ことは、多くの人がご存じのはずです。しかし、これらはコラーゲンの持つ魅力の、ほんの一部に過ぎません。

コラーゲンを知る第一歩として、分子の形を見てみましょう。最大の特色は、3本の線維状のアミノ酸がつながった分子が絡まり、立体的な三重らせん構造になっているところです。遺伝情報を持つデオキシリボ核酸（DNA）は2本のヌクレオチドが絡まった構造をしています。これに対し、アミノ酸同士の水素結合により3本鎖の立体構造を持つタンパク質がコラーゲンで、非常に固いきずなで結びついているのです。

個性的な構造を持つコラーゲンですが、「動物の細胞の中で合成される」という点においては、他のタンパク質と変わりません。ただしその後、すぐ外に追い出されてしまいます。しかし、コラーゲンはそんなことで拗ねることなく、細胞の外に留まったまま細胞と細胞をつなぐ働きをするのですね。そして、人体にあるタンパク質の約3分の1はコラーゲンなのです。

20年ぐらい前までは、コラーゲンが、どんな役目を果たしているのか詳しくわかっていませんでした。一方で、昔から動物の皮や骨を煮出して天然の接着剤である膠（にかわ）の生産が行われ、ドイツ語のKolla（膠）とGen（～のもと）からKollagenという名前が生まれたのです（英語ではcollagen）。接着剤の原料であって、重要なタンパク質だという認識はなかったのですね。漢方では、「食することが重要」との認識はあったようで、かの楊貴妃が食していたという伝承もあり、阿膠（あきょう）として今でも使われています。

近年コラーゲンは徐々に注目されるようになり、盛んに研究が進みました。今では医療や食品、美容などの分野で幅広く利用されるようになったのです。

要点BOX

- ●皮膚や骨、軟骨、腱などに多く含まれるタンパク質
- ●三重らせん構造で強力に結びつく
- ●接着剤の原料から重要なタンパク質へ

DNAとコラーゲン

DNA 二重らせん

デオキシリボ核酸

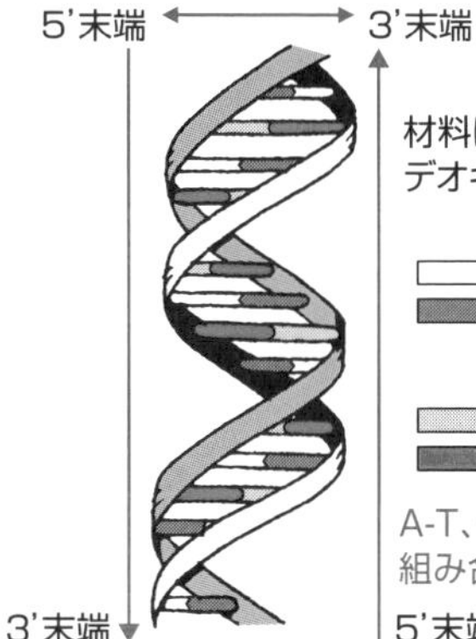

※2本の鎖は逆向きの方向で組み合わさっている

コラーゲン（Ⅰ型） 三重らせん

タンパク質

※3本の鎖は同じ方向で組み合わさっている

コラーゲンと代表的な酵素であるアミラーゼの比較

コラーゲン(Ⅰ型)

線状の巨大分子

- アミノ酸約3,000個
- 大きさ(長さ)290nm
  (太さ)1.5nm
- 分子量300,000

骨や皮膚に存在する
構造タンパク質
(※他のコラーゲンを含めれば全身のいろいろな組織に存在)

細胞の外に存在

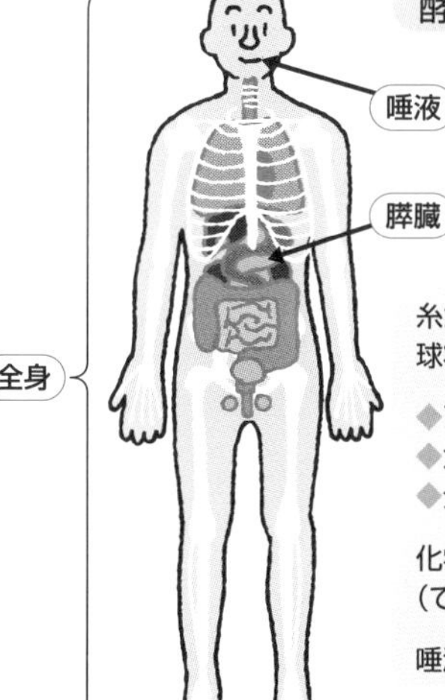

酵素(α-アミラーゼ)

糸が絡まったような
球状で存在

- アミノ酸496個(膵臓)
- 大きさ7nm
- 分子量54,000

化学反応を司る触媒
(でんぷんを分解する酵素)

唾液、膵臓などに存在

用語解説

水素結合：分子の中の水素原子を仲立ちにして隣接する分子同士が引き合う結合のこと

2 コラーゲンは超巨大分子

次に、コラーゲンの大きさについて調べてみましょう。人の体の中に最も多く存在するI型コラーゲンの場合、分子の長さは約290ナノメートル(nm)になります。これに対して、太さ(直径)は1・5nm程度ですから、かなり細長いですね。

290nmというと、1mmの約3500分の1しかないので、「ずいぶん小さいな」と感じる人がいるかもしれません。しかし、他のタンパク質と比べた場合、超巨大分子と言っていいほどの特大サイズです。たとえば、1項の図で紹介したでんぷんを加水分解する酵素として有名なα・アミラーゼ(膵臓のα・アミラーゼ)の分子量は54000です。これに対して、コラーゲンは30万です。タンパク質は20種類のアミノ酸が鎖状につながってできた高分子化合物ですが、1分子当たりのアミノ酸の数は多いものでも数百個くらいで、大きさは数十nm以内にとどまります。それに比べるとコラーゲン分子は1ケタ大きいのですから、特別なタンパク質だということがわかるでしょう。

しかも、コラーゲンの「巨大化」はまだまだ続きます。コラーゲン分子は次々とつながりながら、コラーゲン原線維という紐のような状態になるのです。このように規則性をもって集合することを会合と言い、原線維の太さは10～300nmにもなります。

おもしろいのは、会合には厳格な規則性があり、I型コラーゲンであれば67nmずつずれながらくっついていきます。この繰り返しはD周期と呼ばれます。

なお、コラーゲンは「組織の形を保つ働き」をすることから構造タンパク質に分類され、他には体毛や爪に含まれるケラチン、靭帯や動脈に含まれるエラスチンが仲間に数えられます。それ以外のタンパク質は、酵素や抗体のように「体内を巡りながら生理的な役割を果たす」ので、役割はまったく別です。それぞれのタンパク質の働きについては、次ページで簡単な表にまとめたので参考にしてください。

要点BOX
- ●コラーゲンはタンパク質の中でも最大級
- ●さらに会合によって太く長い線維をつくる
- ●構造タンパク質として体内組織の形を保つ

コラーゲン分子の線維形成

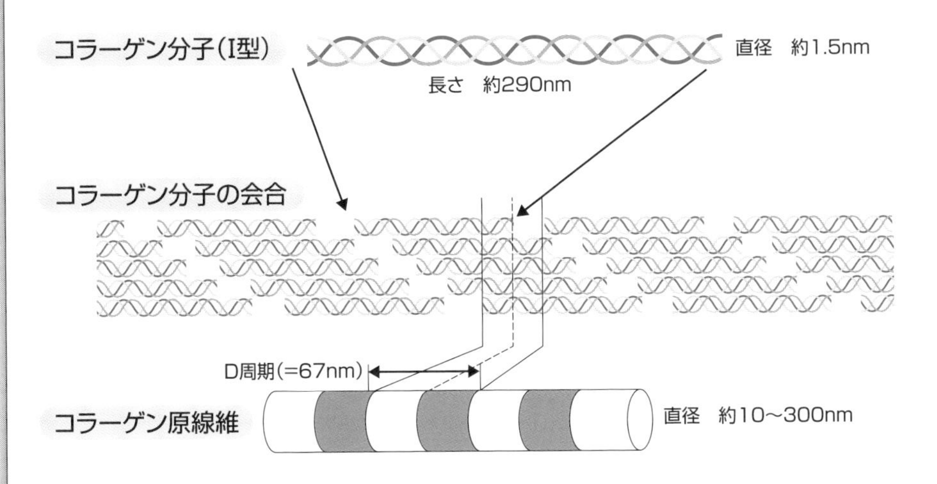

いろいろなタンパク質

タンパク質	種類	役割
コラーゲン、エラスチン	構造タンパク質	支持・組織の形状を保つ
オボアルブミン、カゼイン	貯蔵タンパク質	アミノ酸の貯蔵
ヘモグロビン	運搬タンパク質	物質の運搬
インシュリン	ホルモン	生体の調節
ホルモン受容体	受容体タンパク質	信号分子を受け取る
アクチン、ミオシン	収縮タンパク質	細胞運動(筋収縮)
抗体	防御タンパク質	病気から生体を守る
アミラーゼ	酵素	化学反応を選択的に促進

3 分解すると便利に使えるコラーゲン

コラーゲン、ゼラチン、コラーゲン加水分解物

コラーゲンから膠ができることは前に書きました。加熱することで、3本のアミノ酸がつながったペプチド鎖(α鎖)がほどけて立体構造が変わる、つまり変性するからです。そのときにできる物質がゼラチンで、膠も主成分はゼラチンなのですが、他の成分を多く含んでいます。

食用に精製されたゼラチンは、頑丈な立体構造を持つコラーゲンと違って消化吸収しやすくいろいろな便利な性質を持っているため、製菓材料やゲル化剤、増粘剤、安定剤としてさまざまな加工食品に使われています。みなさんが口にするゼリーやババロアも、多くはゼラチンで固められていますから、馴染みがある食材と言えるでしょう。

市販されているゼラチンは、牛、豚など動物の皮や骨を原料に生産されます。水と酵素を加え熱していくと、コラーゲン分子を構成しているペプチド鎖(α鎖)が切断されます。そうなると、乾燥させてももう元のコラーゲンには戻りません。それでも、ゼラチンを水溶液中で加温すると溶けますが、冷えてくると立体構造の一部が戻ることでゲル(固形)化が起きるのです。ちなみに、そのときの堅さは含まれるゼラチンと水分の割合によって変わります。

最近では、酵素などを使ってゼラチンをさらに分解した、コラーゲン加水分解物に注目が集まってきました。ゼラチン加水分解物あるいはコラーゲンペプチドなどと書かれていることもありますが、どれも似たものです。要するに低分子化したゼラチンですから、固形化する力は非常に弱いものの適度な粘度を保てるため、食品や化粧品に広く用いられています。保湿作用を活かしたスキンケアやメイクアップ製品、髪の毛の滑らかさや艶を出すためのヘアコンディショニング製品が代表です。機能性食品としてのコラーゲン加水分解物は、他のタンパク質と比べて抗原性が低く、安全性が認められています。

要点BOX
- ●コラーゲンを加熱分解したゼラチンは食用に
- ●膠は食用に適さない不純物を含むゼラチン
- ●低分子のコラーゲン加水分解物は食品や化粧品に

コラーゲンの変性・分解

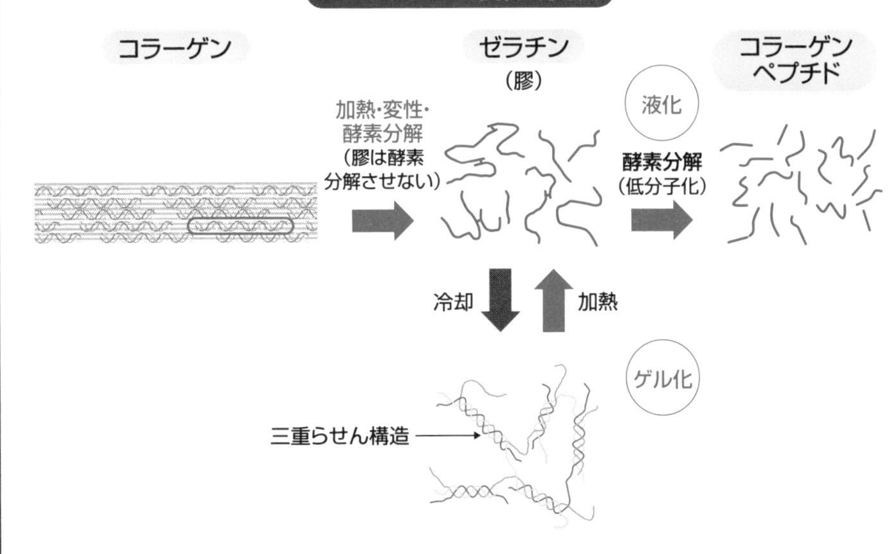

ゼラチン、コラーゲン加水分解物とは

ゼラチンとは?

1. ゼラチン≒膠：食用・工業用ゼラチン、和膠、洋膠
2. コラーゲンに酵素を加えて加熱、抽出してつくる
   分解によって元の1本鎖より短くなっている
3. 低温でゲル化、室温で液化(ゾル化)する
4. 温度変化を利用した食品や医薬品、乾燥固化を
   利用した接着剤、化学的性質を利用した分散剤などに
   利用

コラーゲン加水分解物とは?

1. 別名として、ゼラチン加水分解物、コラーゲンペプチド、
   ゼラチンペプチド、ゼラチン分解物、低分子ゼラチン、
   水溶性ゼラチンなど多数
2. ゼラチンをさらに酵素分解してつくる。コラーゲンを
   構成する1本鎖が短く切り分けられたもの
3. 一定以上短くなるとゲル化(固化)しない
4. 粘度が高く保湿性があり、食品や化粧品などで使われる

用語解説

ゼラチン：ゼラチンの語源は、ラテン語で「堅い、凍った」を意味するgelatusに由来する
ペプチド：ペプチド結合によりアミノ酸が短い鎖状につながった分子の総称

4 3つのアミノ酸がらせん構造の決め手

コラーゲンのアミノ酸配列

コラーゲンはタンパク質の一種ですから、アミノ酸が結合してつながっています。おもしろいのは、そのアミノ酸配列に明確な規則性があることで、それによりコラーゲンの特性が生まれるのです。

第一のカギとなるのは、グリシン(Gly)です。3本鎖らせん構造を構成するアミノ酸がつながったα鎖を調べていくと、3個ごとに必ずグリシンが入っていることがわかります。その配列を表すのが、次ページに図示した文字列です。

第二のカギとなるもうひとつ大きな規則があります。それは、グリシンの次のXの位置にはプロリン(Pro)、その次のYの位置にはヒドロキシプロリン(Hyp)というアミノ酸が多く存在することです。

それぞれの比率で言うと、グリシンが全体の3分の1を占めるのは当然として、ヒトの場合ではプロリンとヒドロキシプロリンは10分の1程度になります(プロリン、ヒドロキシプロリン以外のところには他のアミノ酸が入ります)。それでは、3種類のアミノ酸はどんな働きをしているのでしょうか?

「グリシン」は、最も小さなアミノ酸であることから、長い鎖のらせん構造を形成しているコラーゲンの内側に存在することになります。3番目のアミノ酸であるヒドロキシプロリンは、プロリンにヒドロキシ基(水酸基)が結合したものです。このヒドロキシプロリンが多いほど、分子間のアミノ酸同士の水素結合が多くなり、コラーゲンのらせん構造が安定します。つまり、この3つのアミノ酸が規則正しく並ぶことで、強力な三重らせん構造ができ上がるのですね。

なお、ヒドロキシプロリンは、もともと合成時には存在しません。コラーゲンを構成する1本鎖(α鎖)が合成されてから、酵素の働きによってプロリンの一部がヒドロキシプロリンに変わるのです(翻訳後修飾と言います)。それにより、コラーゲンの3本鎖らせん構造が、より強固になるのですからおもしろいですね。

要点BOX

- ●コラーゲンの特性はアミノ酸配列で生まれる
- ●3個ごとに入るグリシンが内側に位置する
- ●プロリンとヒドロキシプロリンが安定を生む

コラーゲンのα鎖の1次構造

H_2N-CH_2-COOH（グリシン）

HN-CH-COOH（プロリン）

HN-CH-COOH（ヒドロキシプロリン）

OH ← プロリンに水酸基（OH基）がついている

グリシン　　プロリン　　ヒドロキシプロリン

この3つのアミノ酸が
規則的につながっていき
α 鎖を構成する

N末端　　　　　　　　　　　　　　　　　　　　C末端

……Gly-X-Y-Gly-X-Y-Gly-X-Y-Gly-X-Y-……

※3つごとにGly（グリシン）がある。Xにはプロリン、Yにはヒドロキシプロリンが高い頻度で入る

コラーゲン分子の立体構造

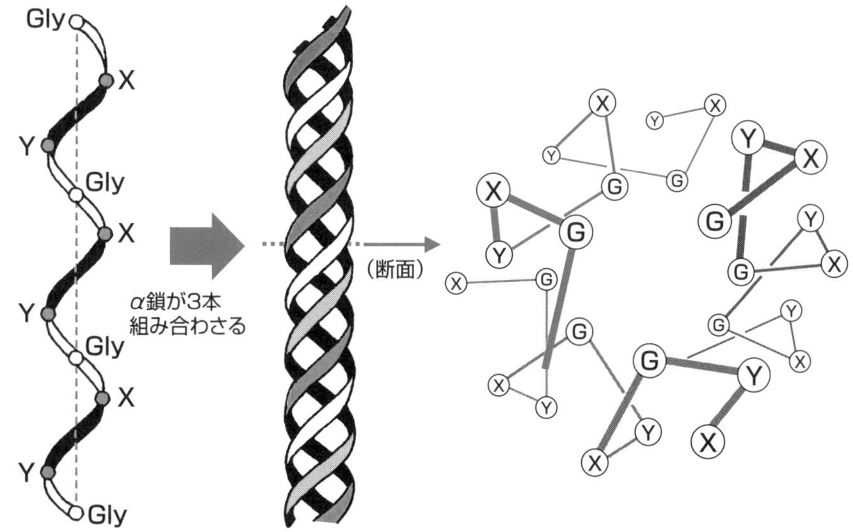

それぞれのα鎖は
左巻きのらせん構造

3本の鎖はゆるく右巻きの
らせん構造をつくる

それぞれの3本鎖のGlyが、
らせんの内側の位置になる

5 3本鎖らせん構造はどうやってできる?

コラーゲンの合成過程

らせん構造を持つ生体物質としては、遺伝情報を伝えるデオキシリボ核酸（DNA）がよく知られています。しかし、DNAのらせんが二重なのに対して、コラーゲンは3本のα鎖からなる三重らせん構造で複雑です。どのように、こんな形ができるのでしょうか。

コラーゲン分子を構成するα鎖は、細胞内にある小胞体の膜に結合したリボソームでつくられます。詳しくは第4章で説明しますが、DNAの遺伝情報が核内でmRNAにコピーされ、リボソームでその遺伝情報を読み取り、アミノ酸を結合させてゆくことでタンパク質であるα鎖が合成されます。

合成直後のα鎖は非常にシンプルな構造ですが、リボソームで順次合成されている端からプロリンやリジンに水酸基がつく水酸化や、ヒドロキシリジンに糖が付加するグリコシル化などの修飾反応を受けることになります。すると、プロリンだけでなくヒドロキシプロリンなどが生まれるのですが、ここで前項で紹介した規則的なアミノ酸配列が重要な意味を持ってくるのです。

分子を結びつける水素結合は、間に入る共有電子対を引っ張る強さ（電気陰性度と呼びます）の差が大きいところほど強く引き合います。この組み合わせを凹凸とすると、修飾を終えたα鎖は凹凸がうまい具合に並んでいるため自動的に絡み合い（会合し）、3本鎖によるらせん構造を形成するのです。

なお、このコラーゲンα鎖を水酸化する酵素が働くためにはビタミンCが必須であり、欠乏するとコラーゲンの形成障害が生じて壊血病になってしまいます。

合成されたコラーゲンは、プロコラーゲン分子として細胞の外に排出されます。そして、細胞膜上でα鎖の末端部分が酵素で切断され、らせん構造にテロペプチドと呼ばれる部分だけが残るように切り揃えられます。この後、コラーゲン分子が会合して原線維になり、より強い線維と組織をつくるのです。

要点BOX
- ●リボソームで合成されたα鎖は未完成の状態
- ●引き合うアミノ酸配列で自動的に三重らせんに
- ●合成に必要なビタミンCの不足が壊血病を招く

コラーゲン分子の合成過程

リボソーム

mRNA

粗面小胞体

シグナルペプチドが
切断されてプロα鎖になる

3本の
プロα鎖が
会合

プロコラーゲン分子

分泌顆粒

ゴルジ体

ゴルジ体、分泌顆粒を経由して
細胞外に分泌される

細胞膜

細胞の外に出る際、
プロペプチド部分が
切断される

テロペプチド　三重らせん構造　テロペプチド

コラーゲン分子

コラーゲン分子の
会合

コラーゲン原線維

用語解説

共有電子対：共有結合において2つの原子間で共有される電子のペアのこと

6 動物は生活環境に合わせてコラーゲンをつくる

コラーゲンの変性温度の違い

コラーゲンは非常に頑丈なタンパク質ですが、加熱することによって変性し、構造が壊れることは前述しました。そして変性のしやすさも、アミノ酸の配列やヒドロキシプロリンの含有量の違いによって変わってくるのです。

牛すじ肉を長く煮ると柔らかくなり、煮汁は冷やすと固まります。これはコラーゲンが変性し、ゼラチンとして溶出してくるからです。このため、柔らかいシチューなどをつくるには高温で、長時間煮る必要があるのです。

魚肉の場合はもう少し低い温度でもよく、ゼラチンとして溶出してくる温度は牛肉に比べると低いです。このあたりは、さまざまな魚の肉質を思い出していただくと、納得できるかもしれません。

次に、魚の種類ごとに、コラーゲン中のヒドロキシプロリンの量を調べてみます。すると、コラーゲンの変性温度と関係の強い熱収縮温度の高いものほど多く含まれ、見事な相関関係にあることがわかります。

そして、生育温度の高い魚類の方が、コラーゲンの変性温度(皮膚熱収縮温度)が高い傾向があります。つまり、ヒドロキシプロリンがたくさんコラーゲンに含まれる動物ほど、高い温度に耐性があるというわけです。

なぜ、このような違いが生じるのかと言えば、それぞれの動物が生活環境に合わせて、最適化された体をつくろうとしたからではないでしょうか。生育温度や体温で皮膚や骨のコラーゲンが変性してしまうと、構造を維持できなくなります。だから、コラーゲンの変性温度はその温度より高い必要があります。逆に変性温度が高過ぎたら、生育温度や体温でコラーゲンが過度に硬くなり、分解しにくくなるでしょう。

ヒドロキシプロリンの量が多いことが優れた証というわけではなく、動物たちはヒドロキシプロリンの量を調整しながら生存競争を勝ち抜いてきたとも言えるのです。

要点BOX
- ●コラーゲンが変性する温度は動物によって違う
- ●その差はヒドロキシプロリンの含有量で決まる
- ●生活環境に適応し、生息域を広げるため?

コラーゲンの熱変性温度とは

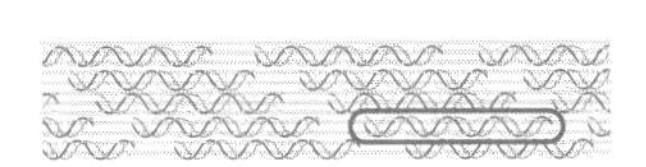

加熱・変性

体内でコラーゲンが
熱変性すると大変!
（コラーゲンが体の中で
バラバラになったら
生きていけない）

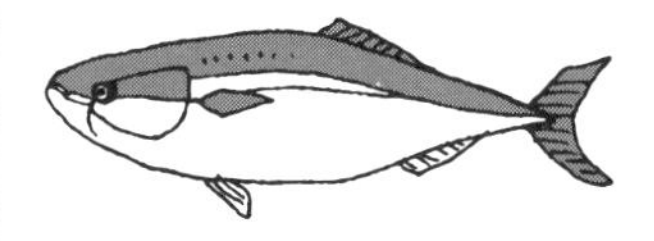

コラーゲンの
変性温度は…

恒温動物は体温よりも
高い温度

変温動物は
生育環境温度よりも
高い温度

魚類の皮膚熱収縮温度

温水性魚類	
魚種	熱収縮温度(℃)
ホウボウ	44.6
オコゼ	45.6
ブリ	49.5
サバフグ	49.6
サバ	52
イサキ	51.8
トビハゼ	51.8
ウナギ	54.7
フナ	56
コイ	57.4

冷水性魚類	
魚種	熱収縮温度(℃)
アブラツノザメ	36.1
スケトウダラ	37.8
マガレイ	36.9
カナガシラ	40
マダラ	40.6
ホッケ	39.5
アカガレイ	39.8
ムシガレイ	41.6
メイタガレイ	40.7
ニジマス	43.3

※皮膚の熱収縮温度はコラーゲンの変性温度との関係が強い

7 ヒトのコラーゲンは全部で28種類

コラーゲンのファミリー

分子構造によりさまざまな性質になるコラーゲンですが、その種類は一つではないですし無限でもありません。

現在までの研究により、3本鎖らせん構造をつくるα鎖は、アミノ酸配列の違いにより44種類あることがわかっています。そして、それらの組み合わせにより、Ⅰ型からXXⅧ型まで28種類のコラーゲンがつくられるのです。

ただし、これはあくまでヒトの場合であり、他の動物については、すべて研究されているわけではありません。したがって、もしかすると新種のコラーゲンが発見されるかもしれないのです。

話を戻しましょう。私たちの体を構成する28種類のコラーゲンは、進化上の共通のタンパク質に由来することから、ファミリー(同類)と呼ばれます。生物を進化系統によって分類するように、最近ではタンパク質や遺伝子も同様の分類をすることで、その素性に迫ろうとする研究が盛んになりました。

同一のファミリーに属する28種類のコラーゲンには、次ページに示す共通点があります。

コラーゲンには形状や所在・機能の違いによる分類もあり、大きく分けると「線維性」「FACIT(ファシット)」「基底膜」「膜貫通型」「マルチプレキシン(Multiplexin)」「短鎖」「その他」の7タイプになります。人体に含まれる28のコラーゲンがどれに当たるかもまとめておきました。

なお、コラーゲンは細胞外マトリックスを構成するタンパク質のひとつで、この分野の研究者によって次々と発見され、分類されてきました。

しかし、実は細胞内には似たような構造を持つタンパク質であるもののコラーゲンに含まれていないものもあります。これは、分野の異なる研究者が発見したためです。将来、分類の仕方が整理されれば、これらも同じ仲間に入れられるのかもしれません。

要点BOX

- ●ヒトのコラーゲンは28種類
- ●それを構成するα鎖の遺伝子は44種類
- ●コラーゲンは細胞外マトリックスに限られる

コラーゲンの型と遺伝子

ヒトのコラーゲンの型は
28種類
I型〜XXVIII型
28種類の型は、構造、存在部位、機能などから7つに分類

ヒト以外のことは
あまりわかっていない
哺乳類はおそらく28種類か…
でも44種類以外のα鎖も…

哺乳類以外は
さらに大きく異なる
ヒトから離れるに従って
種類も構造も大きく違ってくる

そして → **1つの型にα鎖が異なる複数の組み合わせ（分子種）が存在する**

(例)

型	α鎖のバリエーション	α鎖の組合せによる分子種	
I	α_1(I), α_2(I)	$[\alpha_1(\mathrm{I})]_2\alpha_2(\mathrm{I})$ $[\alpha_1(\mathrm{I})]_3$	2つの分子種はどちらもI型
IV	α_1(IV)〜α_6(IV)の6種のα鎖	$[\alpha_1(\mathrm{IV})]_2\alpha_2(\mathrm{IV})$ $\alpha_3(\mathrm{IV})\alpha_4(\mathrm{IV})\alpha_5(\mathrm{IV})$ $[\alpha_5(\mathrm{IV})]_2\alpha_6(\mathrm{IV})$	3つの分子種はどれもIV型

→ **1つの型にα鎖が異なる複数の組み合わせ（分子種）が存在する**

44種類のα鎖をコードする
44の遺伝子が存在する

コラーゲンの種類・型・性質

種類	コラーゲン型（全28種）	主な性質
線維性コラーゲン	I型、II型、III型、V型、XI型、XXIV型、XXVII型	大きなコラーゲン線維を形成する
FACITコラーゲン	IX型、XII型、XIV型、XVI型、XIX型、XX型、XXI型、XXII型	線維性コラーゲンの表面に結合する
基底膜コラーゲン	IV型	基底膜のメッシュ構造を形成する
膜貫通型コラーゲン	XIII型、XVII型、XXIII型、XXV型	細胞膜を貫通して細胞と外部構造を接着する
マルチプレキシンコラーゲン	XV型、XVIII型	3本鎖らせん構造が分断している
短鎖コラーゲン	VIII型、X型	六角形の網目構造で角膜・成長軟骨に関連する
その他のコラーゲン	VI型、VII型、XXVI型、XXVIII型	ー

コラーゲンの共通点

1. 遺伝的相同性がある
2. 基本的に「Gly-X-Y-」の繰り返し遺伝子コードを持つ
3. ヒドロキシプロリンが存在する

用語解説

細胞外マトリックス：生物の体内において細胞の外に存在する不溶性物質のこと

8 コラーゲンはタイプごとに得意技を持つ

コラーゲンの構造的分類

　ここでは、前項で触れた構造と分布の違いによるコラーゲンの分類について、もう少し詳しく説明しましょう。

◆線維性コラーゲン

　I型に代表されるように細長い形をし、さらに会合によってより大きく強固な原線維をつくっていきます。皮膚や骨、腱などの体内組織の「構造」を司る、最も重要なタンパク質のひとつで、脊椎動物に最も豊富に存在するコラーゲンです。

◆FACITコラーゲン

　FACITとはFibril Associated Collagens with Interrupted Triple helicesの略で、日本語に訳すと「3本鎖らせん領域が断続的な線維結合性コラーゲン」という意味になります。3本鎖らせん構造が連続していないため、太いコラーゲンになりにくくなります。線維性コラーゲンのつくる線維の表面に結合して存在し、補助的な役目を果たすのです。

◆基底膜コラーゲン

　基底膜コラーゲンは、他のタンパク質とともに膜状のメッシュワーク構造をつくり、細胞が接着したり組織を分けたりする役割を担います。原始的なコラーゲンと言われ、最初のコラーゲン、多くの種類のコラーゲンの元と考えられています。

◆膜貫通型コラーゲン

　細胞膜を貫通し、らせん構造を含む末端を外に露出させた状態で存在します。そして、細胞外にあるコラーゲンとの接着を果たします。

◆マルチプレキシンコラーゲン

　3本鎖らせん構造が分断された構造になっており、FACITと同様の働きをすると考えられています。

◆短鎖コラーゲン

　六角形（ヘキサゴナル）の網目構造を形成します。3本鎖らせん構造の長さが線維性コラーゲンの半分ほどしかないため、この名前がつきました。

要点BOX

- ●線維型以外にもさまざまなコラーゲンがある
- ●膜の形成や細胞の接着などそれぞれに得意技が
- ●多様なコラーゲンにより体の構造が守られる

各グループのコラーゲンの構造

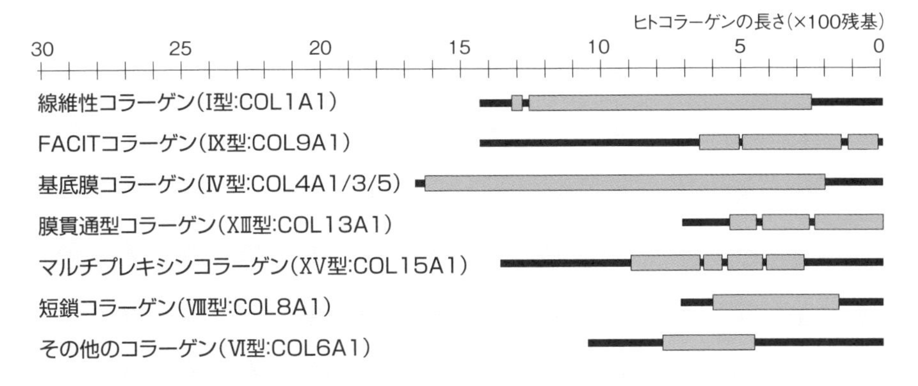

※各グループで代表的なものを紹介している。太い部分は三重らせん領域、
黒線部分はプロペプチド含む非らせん領域となる(COL＊＊は各遺伝子の識別子)

各コラーゲンの存在場所

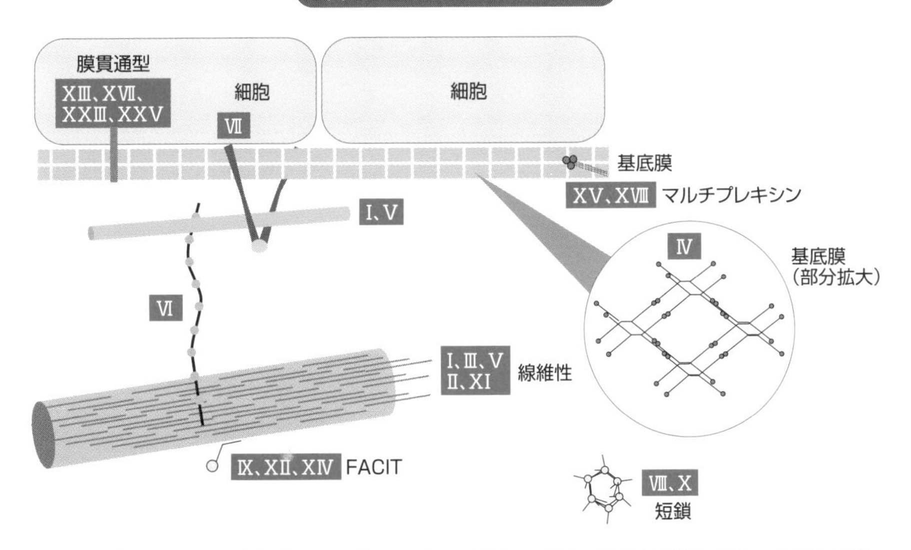

線維性コラーゲンは、結合組織においてコラーゲンが主成分の線維を形成する。コラーゲン線維には、FACITコラーゲンが相互作用する。上皮細胞と結合組織との境界や筋細胞周囲には、基底膜構造がある。基底膜の骨格は、Ⅳ型コラーゲンの網目構造であり、Ⅵ型、ⅩⅤ型、ⅩⅧ型も存在する。表皮真皮基底膜には、Ⅶ型コラーゲンがアンカリングフィブリルという構造を形成している。短鎖コラーゲンのⅧ型、Ⅹ型は、六角形のネットワークを形成する。細胞の膜貫通型のコラーゲンとして、ⅩⅢ型、ⅩⅦ型、ⅩⅩⅢ型、ⅩⅩⅤ型コラーゲンがある

Column

書き手や文脈によって異なる「コラーゲン」の定義

「コラーゲン」という名前で示される物質は、書き手の立場や目的などによって変わってくることがあるため注意が必要です。ここでは、そのいくつかの例を紹介しましょう。

科学用語として定義されるコラーゲンとは、本書の中でも何度も書いてきたように、アミノ酸のつながった3本の鎖が三重らせんを構成した独特な立体構造を持つタンパク質です。そして、28種類が発見されています。

ところが、分子の分類的な側面から「コラーゲンは…」と書いてあるときには、慣例的にI型だけを指し示すことが多いのです。それは、I型こそが典型的なコラーゲンだとの理由によります。つまり、狭義ではコラーゲンはI型のみ、広義では28種すべてを含むということです。

次に分解度合いや精製度によるコラーゲンの定義について考えてみましょう。この場合でも、厳密に言えばコラーゲンと呼ぶことができるのは三重らせん構造を持つコラーゲン分子だけですが、分解されたゼラチンなどもその由来を強調するために、意図的に「コラーゲン」と呼ぶことがあります。さらに分解が進んだものも「コラーゲン加水分解物」と説明されるのですから、コラーゲンの領域は大変広くなります。

このようにコラーゲンの定義があいまいなのは、それだけ身近な物質であり、さまざまな場面で利用されているからです。したがって、コラーゲンという名前に出会ったときには、「この場合、何を指しているか?」と考えながら読み進めないと、思わぬ誤解をするので注意してください。

コラーゲンってなに?

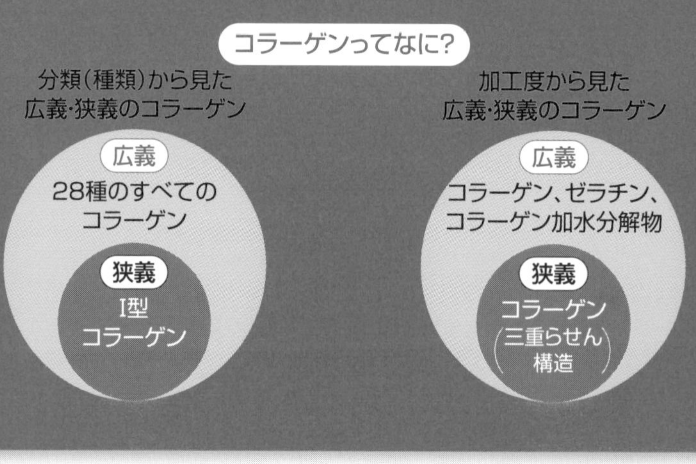

分類(種類)から見た広義・狭義のコラーゲン

広義
28種のすべてのコラーゲン

狭義
I型コラーゲン

加工度から見た広義・狭義のコラーゲン

広義
コラーゲン、ゼラチン、コラーゲン加水分解物

狭義
コラーゲン(三重らせん構造)

第2章

体の中の
いろいろなコラーゲン

9 体を守る皮膚の構造とコラーゲン

人の皮膚は「薄皮一枚」ではなく、次ページのように①表皮、②基底膜、③真皮の三重構造になっています。厚さは、平均すると表皮だけで0・2㎜、真皮までで3〜8㎜しかありませんが、全身分で畳1枚ほどになり、体の大きな部分を占めます。

皮膚の構造を支える真皮は主にI型コラーゲンでできており、弾性のあるコラーゲン線維が密に、そして網状に分布することで柔軟性と強靱さを生み出しています。

私たちが皮革製品として利用しているのも牛や豚などの表皮と真皮の一部ですから、その丈夫さはわかるはずです。なお、真皮にはコラーゲンをつくる線維芽細胞や、免疫機能を司るマスト細胞、エラスチン、ヒアルロン酸なども存在します。毛細血管もここまで達しており、かなり複雑な働きをする器官でもあるのです。

基底膜はⅣ型コラーゲンでできており、格子状のフィルターのような構造で表皮と真皮を分けています。真皮には血管が張り巡っていますが、基底膜を境にして表皮には侵入しないことが知られており、ケガが真皮まで達しない限り出血することはありません。

表皮の主成分はケラチノサイトという細胞で、基底膜の上に積層した構造になっています。細胞といっても、表面に行くほど核がなくなった「細胞の抜け殻」のようなものになっているので、活発に生体活動をしているわけではありません。それでも、これらの層が免疫を担う細胞（ランゲルハウス細胞）の力によって病原菌やウイルスの侵入を防いでいるのですから、その役目は重要です。

皮膚の表面の角質は主にケラチン層で疎水性を示し、健康な肌ほど水を弾きます。角質は、熱や紫外線から体を保護するだけでなく、病原性細菌やウイルスが侵入してくるのを防ぎます。これは残念ながらコラーゲンにはできない仕事です。

要点BOX

- 皮膚は真皮、基底膜、表皮の3層で構成
- 真皮はI型、基底膜はIV型コラーゲンが主成分
- 表皮の角質は核がない「抜け殻」

皮膚の構造

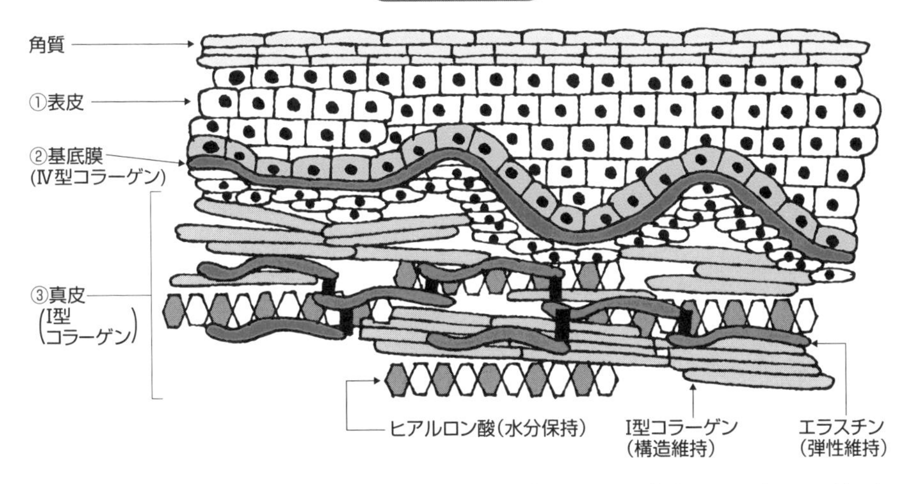

基底膜（Ⅳ型コラーゲンの網目構造）が表皮と真皮を分けている。真皮ではⅠ型コラーゲンとエラスチン、ヒアルロン酸が組み合わさった構造体をつくっている

皮膚構造の中のコラーゲン

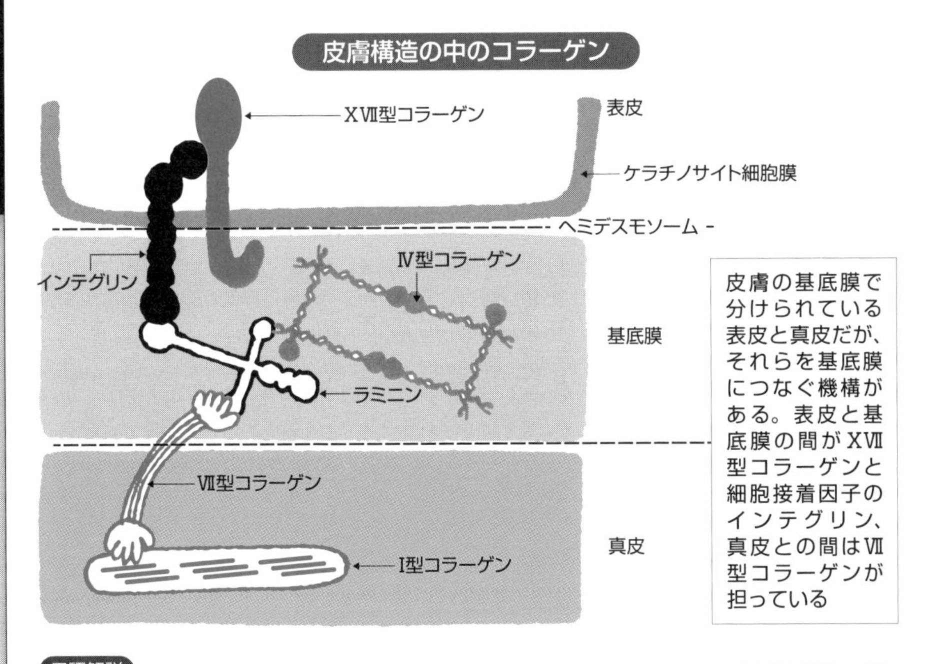

皮膚の基底膜で分けられている表皮と真皮だが、それらを基底膜につなぐ機構がある。表皮と基底膜の間がXⅦ型コラーゲンと細胞接着因子のインテグリン、真皮との間はⅦ型コラーゲンが担っている

用語解説

線維芽細胞：コラーゲンだけでなくエラスチンやヒアルロン酸などの真皮の成分をつくる重要な細胞

ランゲルハウス細胞：マクロファージ、樹状細胞とも呼ばれ、炎症や免疫反応などの生体防御機構に重要な役割を果たすが、アレルギー反応にも関与している

10 関節が滑らかに動くのは…

軟骨のコラーゲン

軟骨の主成分は線維性のⅡ型コラーゲンです。Ⅰ型と同じ線維性コラーゲンですが、α鎖の中のヒドロキシリジンというアミノ酸に付加している糖類（グルコースとガラクトース）の働きにより、別の軟骨成分であるコンドロイチン硫酸プロテオグリカンやヒアルロン酸の複合体との間で強い相互作用を生み出し、水分保持能力が高まっています。

軟骨は、骨から分化して形成されます。軟骨には血管がないという特徴があり、骨に比べ水の出入りが可能なことで、関節にかかる重力を調整できるのです。コラーゲン以外にも、水分保持力の強い硫酸化多糖を多く持つプロテオグリカンが含まれています。

軟骨の役目として、最もわかりやすいのが関節でしょう。たとえば膝関節の場合、大腿骨と頸骨の間にⅡ型コラーゲンでつくられる硝子軟骨があることで滑らかに動くのですが、このときに大切な働きをするのがプロテオグリカンです。この成分がコラーゲンの隙間を埋めることで、より滑りが良くなります。

また立っているときには、座っているときよりも関節中の水の圧力を高める必要があり、コラーゲンの隙間にあるヒアルロン酸などが放出されることで調整を行うのです。つまり、軟骨の役割とは水を介して緩衝的に作用することであり、そのためにも水持ちの良い物質でなければなりません。この点、Ⅱ型コラーゲンは最適な成分だと言えるでしょう。

軟骨の特性を最大限に活かしているのが、軟骨だけで骨格を構成しているサメです。他の魚は進化の過程で硬骨をつくりましたが、サメはそのままです。サメの軟骨は、硬骨の半分の骨密度で軽くなっています。これも、水中での運動性や機動性が高くなっていることにつながっているのでしょう。

このように、サメは運動性に富んで生息域も広いのが特徴ですが、そんなところにも軟骨を持つサメのすごさを感じますね。

要点BOX

- ●軟骨は硬骨とは別の組織
- ●軟骨の主成分はII型コラーゲン
- ●他の軟骨成分との相互作用で関節を動かす

軟骨の種類と性質

種類	性質と分布
硝子軟骨	人体に広く分布する一般的な軟骨。均質で無構造、半透明で、鼻中隔、喉頭、気管、気管支などを構成する
線維軟骨	軟骨基質にコラーゲンを多く含むことで軟骨としては硬く、椎間円板、関節円板、関節半月、恥骨結合などを構成する
弾性軟骨	弾性線維（エラスチン）を多く含む柔軟性に富んだ軟骨で、耳介、外耳道、耳管、喉頭蓋などを構成する

※軟骨は基質成分の違いにより上の3種類に分けられる

関節の水分調節

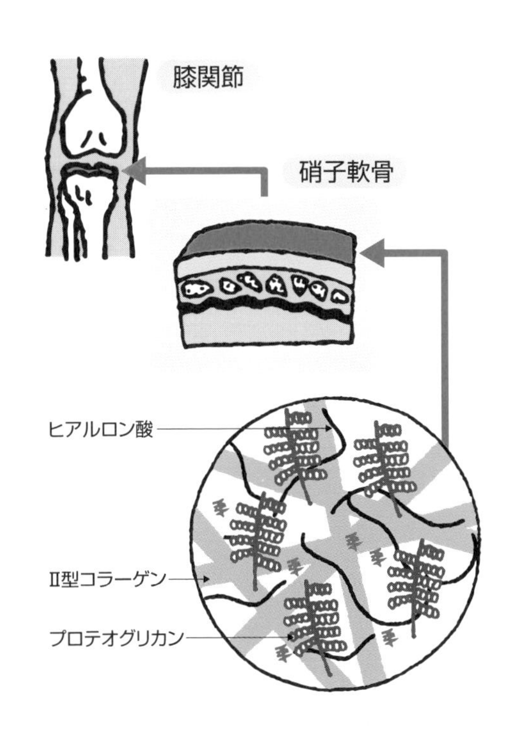

11 皮膚と同じI型なのに硬くなる秘密

骨（硬骨）のコラーゲン

骨（硬骨）の主成分は、真皮と同じI型コラーゲンなのですが、皮膚のように柔軟に曲がることはありません。その違いはどこにあるのでしょうか。

密度の高い線維をつくるI型コラーゲンは、構造タンパク質として極めて優れた特質を持っています。しかし、柔軟性が必要な皮膚ならともかく、そのままでは建物の鉄骨や鉄筋に当たる骨には使えません。それではそこで、動物たちはこんな工夫をしました。骨中のコラーゲンに、カルシウムやマグネシウムなどのミネラルを沈着させ、補強するのです。すると、コラーゲンの線維は硬くなり、骨格として体を支える役目を果たします。皮膚と骨が同じI型コラーゲンでできているというのは不思議な気がしますが、骨からカルシウムを除去していくと、簡単に曲がるほど柔らかくなるため納得できる話です。

ところで、骨の内部には血管がたくさん通っています。理由は、常に「つくっては壊す」というスクラップアンドビルドを繰り返しているからで、人の骨はだいたい100日間で入れ替わるのです。骨折などで体の構造が崩れると命に関わりますから、このような仕組みが必要なのでしょう。一方、血管が通っていない軟骨はコラーゲンの代謝が遅いため、痛めると治りにくいのです。

よく「骨を丈夫にするにはカルシウムを摂りなさい！」と言われますが、このような骨の構造を知ると、カルシウムだけでは不十分だとわかるはずです。半分はコラーゲンなのですから、骨粗鬆症の予防には、乳製品や大豆製品などタンパク質を多く含む食品の摂取も必要です。遺伝子の変異によりコラーゲン線維の構造が乱れると、骨形成不全症という病気になって骨が脆くなります。骨折しやすくなるだけでなく、骨が変形してしまう遺伝病です。このことからも、タンパク質であるコラーゲンが骨の形成に重要であることがわかるでしょう。

要点BOX

●骨の主成分は真皮と同じI型コラーゲン
●コラーゲンにカルシウムが沈着して硬くなる
●内部の血管により約100日で骨は入れ替わる

骨の構造

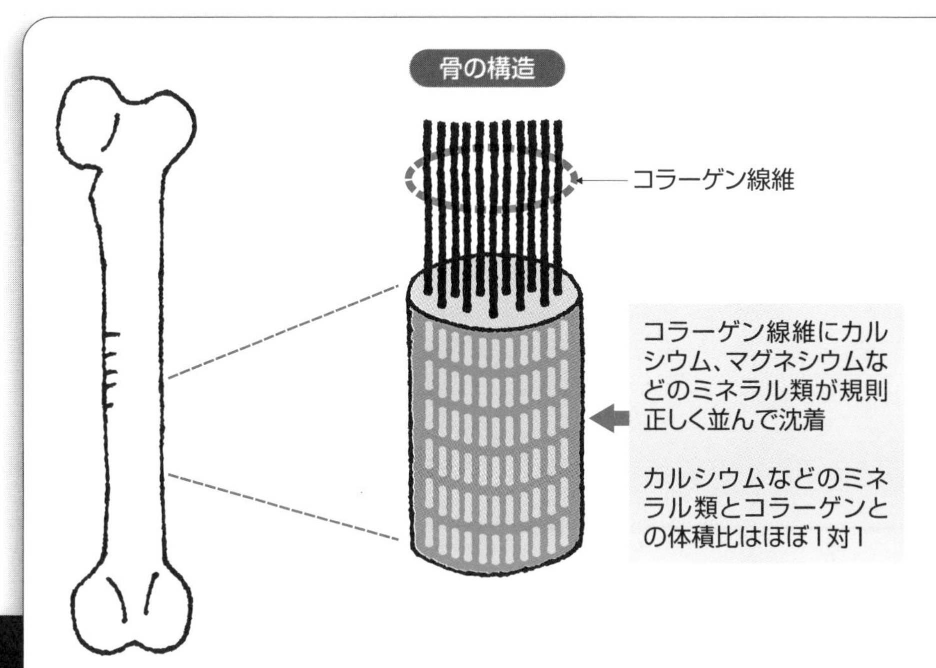

健全な骨と不健全な骨

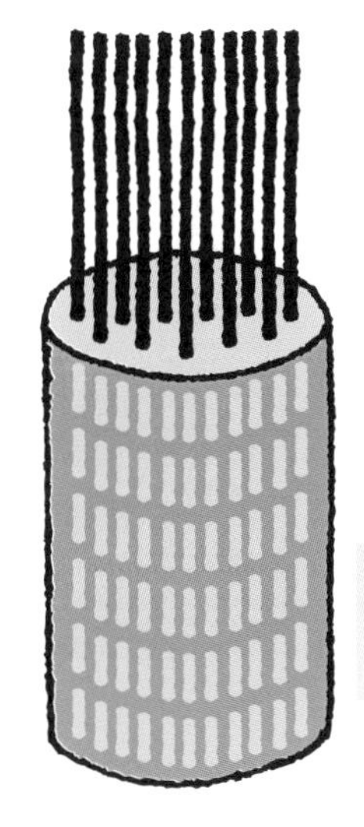

12 筋肉タンパク質を包む膜にもコラーゲン

筋肉が伸びたり縮んだりすることで、体を動かすことができます。この伸縮を可能にしているのが、ミオシンとアクチンという2つのタンパク質です。

筋肉の中にはミオシンの太い線維とアクチンの細い線維が交互に並んでおり、信号が届くとスライドするように伸び縮みします。ただし、それだけでは筋肉は機能しません。筋外膜や筋周膜、筋内膜などの筋膜で包み、全体的な構造を保っていかなければなりません。

この筋膜をつくっているのがコラーゲンです。Ⅰ型が主ですが、Ⅲ型やⅤ型も加わることで、より複雑な動きに対応できるようになります。その結果、丈夫でありながら柔軟性を持つ膜が全体を包むことにより、筋肉特有のしなやかさが生まれるのです。

さらに、筋肉の最小構成単位である筋原線維は基底膜の一種である筋細胞膜で包まれていますが、この膜の主成分はⅣ型とⅥ型コラーゲンです。筋衛星細胞という筋肉の再生に欠かせない細胞に接し、正しく栄養分が届くようにフィルターの役目を果たすのです。

このように非常に頑丈な構造になっている筋肉だけに、肉料理をつくるときには、それぞれのタンパク質の性質をよく知っていなければなりません。

コラーゲンが主体の筋膜は加熱（70℃以上）すると収縮し、旨味成分を含むドリップを放出して固くなります。このため、熱を加え過ぎないことが重要です。また、ギザギザの面があるハンマーのような道具で肉を叩くこともあります。この作業は、筋膜を切断するために行うものです。それにより肉の縮みや変形を防ぐだけでなく、噛みやすくなり、肉本来の旨さを感じやすくなります。

筋膜とは直接関係はしませんが、腱を含むすじ肉などの場合、腱を構成しているコラーゲンが変性して柔らかくなるまで十分加熱することが必要です。

要点BOX
- ●筋肉のタンパク質はミオシンとアクチン
- ●伸縮性のある筋肉を包むのがコラーゲンの膜
- ●肉料理では筋膜の処理が重要になってくる

筋肉の構造

膜：I型コラーゲン
その他にⅢ型、V型コラーゲンが存在

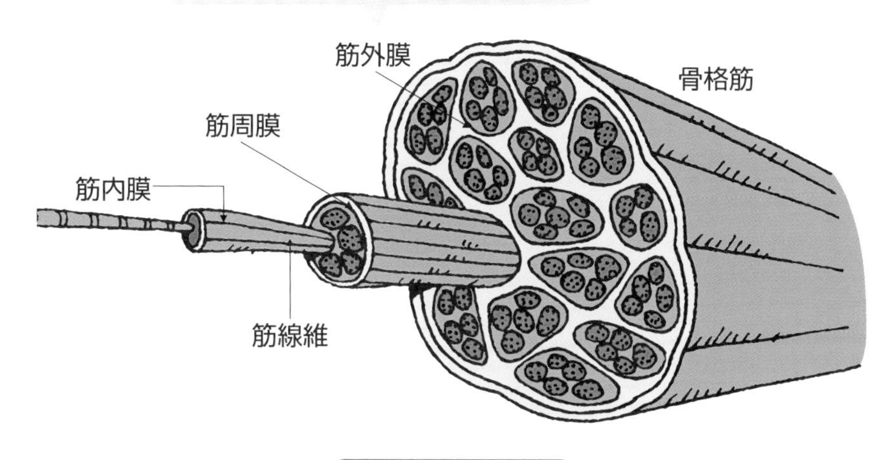

筋肉とコラーゲン

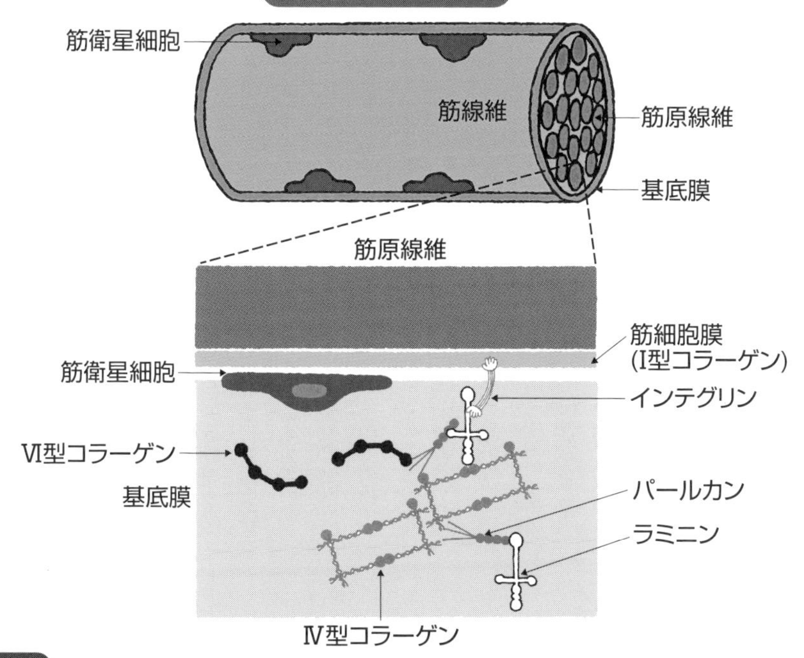

用語解説

ミオシンとアクチン：この2つで、筋肉中のタンパク質の80%を占めている

13 骨と骨、骨と筋肉をつなぐコラーゲン

筋肉と骨をつなぐ「腱」と、骨と骨をつなぐ「靭帯」は、どちらもI型コラーゲンを主成分とし、しかも非常に純度の高い、まじりっけなしのコラーゲン線維でできています。ちなみに、動物実験で有用なラット（小型ネズミ）の尾は靭帯などでできているため、そこから抽出したコラーゲンを調べることでこの分野の研究が大いに進みました。

腱と靭帯が骨に付着する部分には、常に牽引力や衝撃が加わるため、小さな傷や炎症、損傷が起きやすい箇所だと言えます。その一例が、40代を過ぎると多くの人が悩まされる肩関節周囲炎です（四十肩とか五十肩と呼ばれるものです）。何もしていないのに、「肩が上がらない」とか「動かしても動かさなくても痛い」という症状が出る原因は、腱や靭帯などの老化により肩関節の周囲で癒着が生じ、炎症を誘発するからです。通常は1～3年ほどで回復しますが、痛みがずっと続くケースや肩関節の可動域が狭くなったままの人は、適切な治療を受けた方がいいでしょう。

余談ですが、野球のピッチャーなどが肘の靭帯を損傷したとき、トミー・ジョン手術を受けることがあります。1974年に米国の整形外科医フランク・ジョーブによって考案された治療法で、患者の別の部位にある腱（前腕の長掌筋腱など）を摘出し、患部の修復を図るのです。効果は抜群で、ほとんどの選手が現役復帰できただけでなく、故障前より球が速くなったとか選手生命が伸びたという例もあり、今では積極的に手術を受ける選手が多くなっています。靭帯も腱も、同系のコラーゲンでできている組織だからこそ、このような手術が可能なのでしょうね。

また近年、自分の腱ではなく人工素材（高強度ポリエチレン繊維）を使った靭帯修復手術も始まっています。この分野ではコラーゲンに代わる素材の研究も進んでいるようです。これも、腱やコラーゲンに関する研究が進んだことの成果のひとつと言えるでしょう。

要点BOX

- ●腱・靭帯のコラーゲンはⅠ型
- ●まじりっけなしのコラーゲン線維
- ●五十肩の原因は腱や靭帯の老化

腱と靭帯の位置と役割

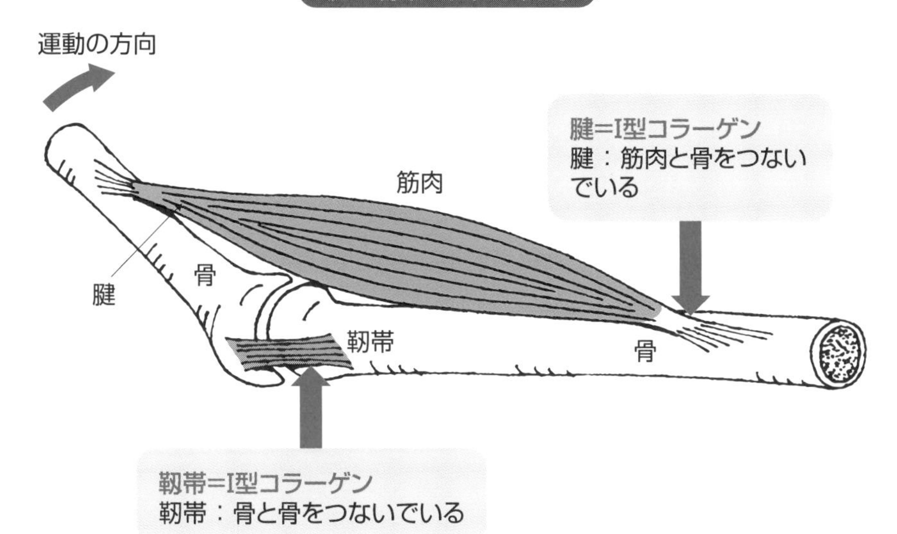

腱・靭帯と皮膚・骨のI型コラーゲンの違い

種類	性質	構造
腱・靭帯	I型コラーゲンの純度が高く、伸縮性が高く、伸び縮みするゴムのような役割	I型コラーゲン
皮膚	I型コラーゲンと他の細胞外マトリックスとの相互作用が強く、柔軟性の高い構造を維持	エラスチン ヒアルロン酸 I型コラーゲン
骨	I型コラーゲンとミネラル（カルシウム・マグネシウム）との相互作用で強度が高い構造を維持（柔軟性が低い）	I型コラーゲン

14 コラーゲンだから透明にもなれる

角膜のコラーゲン

皮膚や骨、腱や靱帯は、いかにもコラーゲンが使われていそうですが、そうした印象が薄いのが眼球ではないでしょうか。しかし、「黒目」の部分である角膜は、主にI型コラーゲンでできています。また、短鎖コラーゲンであるⅧ型も存在します。

角膜は、直径11㎜程度の円形の組織です。ここから眼球の内部に光を通すため、透明でなければなりません。

皮膚や骨を考えると、「コラーゲンで透明?」と不思議に思いますよね。しかし、正解は「コラーゲンだから透明」なのです。I型コラーゲンはもともと線維配向性が高く、きれいに並びやすいという特性があります。この強みを最大限に活かし、規則正しく並ぶことで光を通過させるのです。

したがって、病気やケガなどで配列が乱れないように、角膜の中心部である実質は丈夫な上皮によって守られています。角膜上皮は、細胞がびっしり並んで病原体などの異物を通さないだけでなく、傷ついてもすぐに細胞が増殖して修復します。そのスピードは、皮膚よりもずっと速いのです。

なお、角膜はただ光を素通ししているだけではなく、高い屈折力を持ち、凸レンズとしての役目も果たしています。そして、可変レンズである水晶体との組み合わせにより、網膜に焦点を合わせることができるのです。

高い修復能力にもかかわらず角膜が大きな損傷を受けたときには、移植による治療が必要になります。最近ではこの分野の研究が進み、2019年には大阪大学大学院医学系研究科の西田幸二教授のグループが、人工多能性幹細胞（iPS細胞）から作製した角膜上皮の移植に世界で初めて成功しました。また、子宮と胎盤の最内層を覆う半透明の薄い膜「羊膜」を移植して角膜を再生する治療も行われており、多くの患者が救われているのです。

要点BOX

●角膜実質はI型コラーゲンでできている
●コラーゲン線維が規則的に並ぶことで透明に
●角膜の移植治療の研究が進んでいる

角膜のコラーゲン

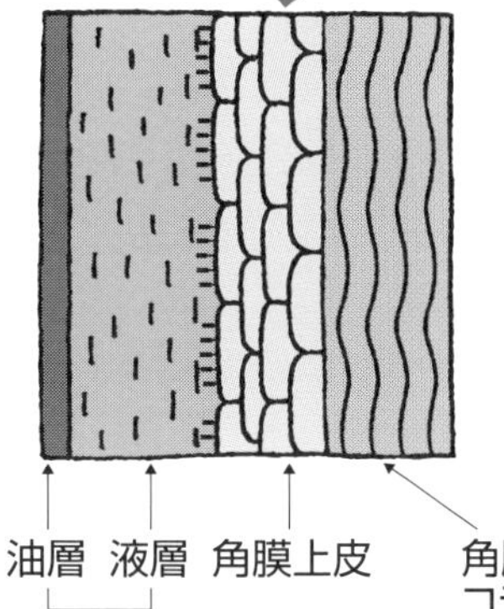

角膜実質のコラーゲンの配列と透過性

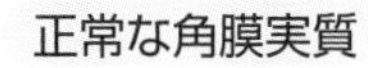

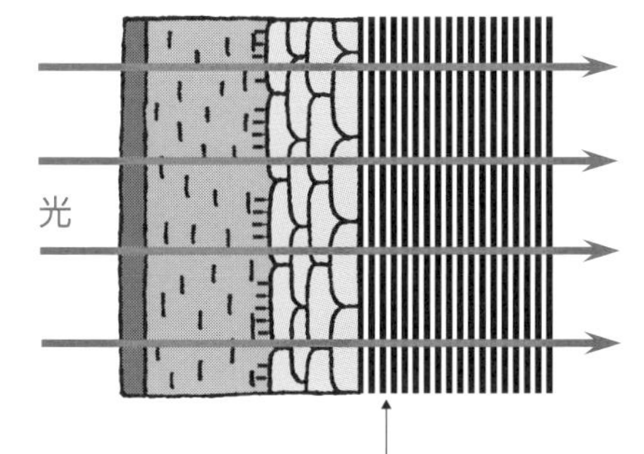

コラーゲン線維が規則正しく配列しているので、光を通して透明になる

病気やケガで
コラーゲン線維の
配列が乱れた角膜実質

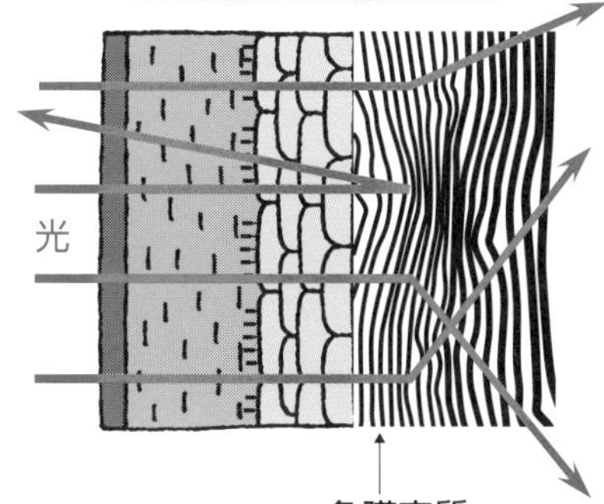

コラーゲン線維の配列が乱れると、光は屈折・乱反射して不透明になる

15 母胎でもお世話になるコラーゲン

胎盤のコラーゲン

母胎の子宮に貼りついて胎児の成長を支える胎盤は、特殊な役割を果たす器官だけに存在するコラーゲンも多彩です。コラーゲンの研究が本格的に始まった頃は、多くの「新種」が胎盤の中で発見されました。

XⅥ型コラーゲンはそのひとつで、妊娠初期にはあまり見つからないのに途中から急激に増えていくことから、パートタイムコラーゲンと呼ばれたこともあります。そして、最後は出産と同時に剥離し、体外に排出されるのです。

胎盤の中に常時、存在するコラーゲンで多いのはⅠ型、Ⅲ型、Ⅳ型、Ⅴ型の4種類です。ここではⅣ型コラーゲンに絞って、その働きを見ていきましょう。

Ⅳ型コラーゲンは、皮膚の基底膜でフィルター機能を果たしていますが、胎盤でも基底膜を構成します。そして、密に分布する血管の周囲を包み、成分のやりとりを行うのです。

このフィルターのつくり方がおもしろく、1つだけの単量体と2つの二量体が組み合わされることで、シートが重なったような網目構造をつくります。さらに、そのシートが何層にもなり、必要な成分だけを通せるようになっているのです。

胎盤には魅力的なコラーゲンが多いことから、最近では動物から採取したコラーゲンが化粧品や食品の原料として利用されるようになってきました。たとえば、豚由来のコラーゲンを分解してできる「グリシン-ロイシン、ロイシン-グリシン」や「グリシン-イソロイシン、イソロイシン-グリシン」という構造を持つペプチドは、バリア機能によって肌の水分を保持する機能が認められ、機能性化粧品には欠かせない成分になってきました。

他にも、胎盤に近い働きをする鮭の卵巣膜から抽出したコラーゲンは、健康飲料などに使われています。コラーゲンの新たな可能性を広げるためにも、胎盤の研究は欠かせません。

要点BOX

●胎盤は多くのコラーゲンで構成される
●Ⅳ型コラーゲンは胎盤でフィルター機能を担う
●動物由来の胎盤コラーゲンは食品や化粧品に

胎盤のコラーゲン

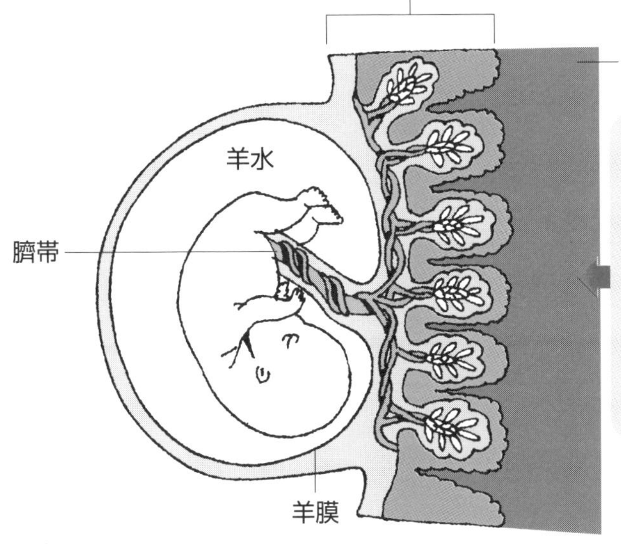

●新しいコラーゲンが多く発見された臓器
●胎盤の成長とともにコラーゲンの質と量が大きく変化する(出産時の急激な胎盤剥離に関係している可能性あり)

フィルター構造の形成

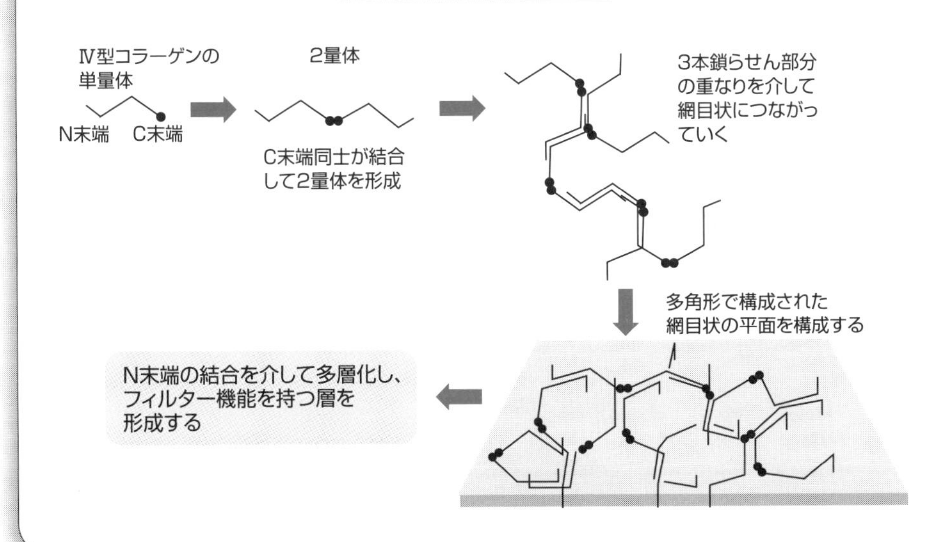

Column

コラーゲンとは呼ばれないそっくりな物質たち

コラーゲンの三重らせん構造をつくるアミノ酸鎖は、「-Gly-X-Y-」の繰り返し配列になっています。したがって、動物の体内で同じ配列を持つ未知のタンパク質分子を見つけたら、当然、「新しいコラーゲンではないか…」と考えるべきですが、発見した人がコラーゲンの研究者でない場合には必ずしもそうはいきません。単に新種のタンパク質として認識されるだけで、コラーゲンに分類されないことがあるのです。

現在のコラーゲンの定義は、非公表のゴードン会議で決められたとも言われており、コラーゲンの分類にあまり力を入れないムードがあったのも遠因かもしれません。

そんな結果、生まれたコラーゲンの「そっくり物質」の代表としてC1qという補体があります。この物質は、抗体の殺菌作用を補完する血清中の成分として発見されました。40種類以上の血清やタンパク質から構成される複雑なシステムを持ち、自然免疫系の重要な要素で生体防御に多くの役割を果たします。構造タンパク質としてのコラーゲンの働きとはまったく違う働きをするので、コラーゲンの仲間に入れてもらえなかったようです。

その他、フィコリンという物質はコラーゲンと同様の3本鎖らせん構造と血液凝固に関係するフィブリノーゲン様の構造を持ち、感染初期の自然免疫に重要な働きを持っていることが知られています。機能だけを考えるとコラーゲンに分類しにくいのかもしれませんが、コラーゲン様の構造を持つことに意味があるように思えます。今後の研究でその関係がもっと明らかになってほしいですね。

用語解説

ゴードン会議（Gordon Research Conference：GRC）：すべての参加者が「公表されていない重要成果を外部へ一切漏らさない」という秘密主義を約束し、安心して議論しようという趣旨で開催される会議。そのため、発表内容の撮影、録音、メモなどが禁止される。また、ゴードン会議での参加発表は主催者による招待、参加の承認を原則としている

動物や進化で異なるコラーゲン

16 起源や生育環境でコラーゲンは変わる

動物によって異なるコラーゲン

コラーゲンは、多細胞動物にとって構造維持や生育の「足場」の提供など細胞の環境を整える物質ですが、動物の種類によって構成や性質が異なります。私たち哺乳類のコラーゲンであっても、物性や変性温度に差があり、多種多様な物質と言えるのです。なぜ、そんな違いが生じるのでしょうか？

第一の理由は、起源によるものです。進化の程度が低い、いわゆる下等動物は主にIV型のコラーゲンしか持ちません。しかし、ヒトになるとコラーゲンの数は28種類、遺伝子の系統では44にもなります。つまり、進化によって体の構造が複雑になるにつれ、必要となる多様なコラーゲンをつくり出しているのです。コラーゲンに違いが生まれる第二の理由は、生育環境によるものです。たとえば、極地近くや高地などの温度の低い地域で生まれ育ってきた動物、特に魚類は低温で熱変性しやすいコラーゲン、つまり低温でも柔軟性を保つコラーゲンでできています。逆に言えば、そうして環境に適応したコラーゲンをつくりながら、動物たちは生息域を広げていったのです。

これまでのコラーゲン研究は、主にヒト由来のもので行われてきました。このため、動物ごとのコラーゲンの違いについては十分なデータがなかったのです。近年、起源の異なるコラーゲンに関する研究が進み、新たな利用も可能になっています。

たとえば、鮭皮由来のコラーゲンをシート状にした不織布を動物に埋め込んでも、炎症を起こしにくいという研究があります。また、コラーゲンのらせん構造の末端にある、非らせん部分（テロペプチド部）を酵素で切断したアテロコラーゲンは、抗原性が低くなることがわかっています。牛皮由来のアテロコラーゲンは、美容整形や歯肉注入にも利用されるようになりました。下等動物であるナマコ由来のコラーゲンも、化粧品原料として利用され始めています。多種多様なコラーゲンがあるからこそ、可能性は広がっていくのです。

要点BOX

- ●進化によって新たなコラーゲンが生まれる
- ●生育環境により変わるコラーゲンの変性温度
- ●コラーゲンの違いを知れば新たな利用が可能に

進化の度合いによるコラーゲンの違い

クシクラゲ
（有櫛動物）

カイメン
（海綿動物）

クラゲ
（刺胞動物）

アニサキス
（線形動物）

エビ
（節足動物）

マグロ
（脊椎動物）

動物種が違うとコラーゲンは異なる

種類　少

進化度合いによってコラーゲンの種類が増える
また同種のコラーゲンでも大きく異なる
➡同じ動物種内での違いに比べてダイナミックな違いがある

種類　多

同じ動物種の中でのコラーゲンの違い

サケ・マス

マグロ

タイ

ウナギ

ナマズ

テラピア

同じ動物種でもコラーゲンは異なる

変性温度　低

魚類の場合、生育環境で同種のコラーゲンでも変性温度が異なる
➡コラーゲンの種類・数などはほぼ同じ
比較的小さな違い

変性温度　高

17 コラーゲンはどのように"進化"したのか

コラーゲンの登場した時期を生物の進化過程に当てはめると、多細胞動物が誕生した7億年以上前に遡ります。

複数の細胞によって生体が構成されるには、それぞれの細胞がくっつくための「足場」が必要となります。その役目を最初に果たしたのが細胞外組織である基底膜です。

基底膜は成り立ちが違う細胞や組織を隔てる機能を持っており、皮膚における上皮と真皮、筋組織、神経組織、腎臓などに存在しています。そして、その主成分であるⅣ型コラーゲンこそが、すべてのコラーゲンの起源と考えられているのです。

ちなみに、単細胞生物では「細胞＝生体」ですから、細胞外に組織はありません。多細胞生物（動物）に進化したことで細胞と細胞をつなぐ組織が必要になり、コラーゲンが生まれたのです。

Ⅳ型コラーゲンは、原始的な有櫛動物や海綿動物から私たちのような脊椎動物まで、すべての多細胞生物の体内に存在していることからも、起源であるのは間違いないと思われます。しかし、そこに至る「前史」もあるのです。

単細胞生物の中には多細胞動物に近い生態を持ったものもいて、たとえば細胞性粘菌は、単細胞のアメーバ細胞である時期と集合して群生する時期に分かれます。また、鞭毛を動かして移動する襟鞭毛虫（えりべんもうちゅう）は細胞の構造が海綿動物に似ており、細胞性粘菌などとともに多細胞動物に進化する一歩手前ではないかと言われています。

おもしろいのは、これらの生物のタンパク質について調べてみると「-Gly-X-Y-」のアミノ酸配列が多く、3本鎖によるらせん構造になっていることもあるのです。このようなことから、多細胞動物へと進化していくときに、それらのタンパク質がコラーゲンになっていったと多くの研究者は考えています。

要点BOX

- ●起源はⅣ型コラーゲン
- ●単細胞から多細胞への進化で基底膜が必要に
- ●コラーゲンに似た物質を持つ単細胞生物もいる

進化とコラーゲン

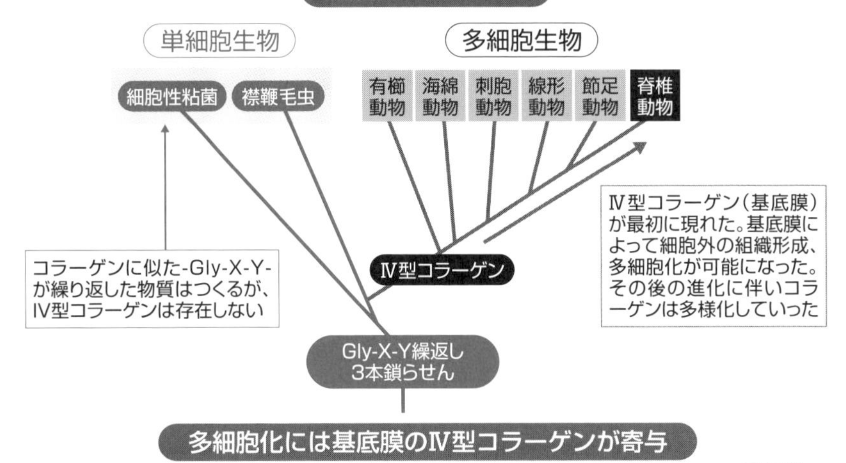

多細胞化には基底膜のⅣ型コラーゲンが寄与

単細胞生物　　多細胞生物の組織　　基底膜

多細胞化

単細胞生物が多細胞生物になるためには、細胞が集まるための土台が必要だった。Ⅳ型コラーゲン（基底膜）は、進化的にはその土台を担った。また細胞を基底膜につなぎ止めるのも別なコラーゲンになる

動物と植物の違い

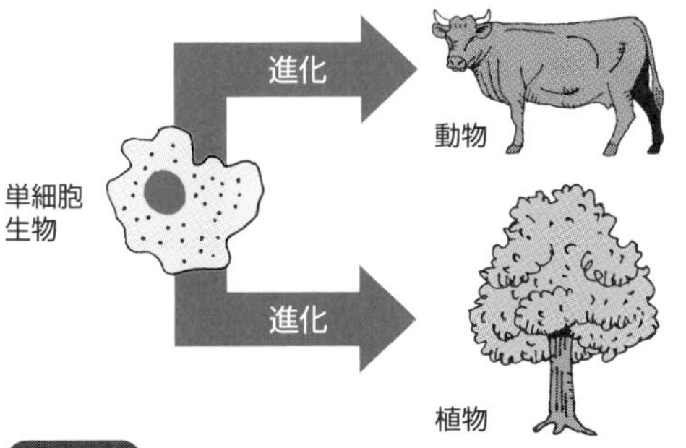

動物が多細胞の構造をつくるために獲得したのが基底膜やその他のコラーゲン

植物が多細胞の構造をつくるために獲得したのが細胞壁のリグノセルロース（セルロース、ヘミセルロース、リグニン）

用語解説

有櫛動物：クラゲ類を含む動物の分類群で最も原始的な動物のひとつとされている
海綿動物：海綿動物門に属する動物で主に岩礁に付着し、吸い込んだ海水中の微生物を補食している
細胞性粘菌：アメーバ細胞の集合体で変形菌(真正粘菌)とは異なる

18 ナマコもクラゲもおいしいのはコラーゲン

下等動物のコラーゲン

下等動物由来のコラーゲンとして特徴的なのが、カイメンなど海綿動物門に多く含まれるスポンジンでしょう。名前の通りスポンジのような柔らかい構造をつくりますが、最近の研究では、脊椎動物の基底膜のⅣ型コラーゲンはスポンジンのⅣ型コラーゲンが進化したものと考えられており、そういう意味では私たちの体ともつながりがあるのです。

このように下等な動物であっても個性的なコラーゲンを持ちますが、それにより食材として珍重されるケースもあります。棘皮動物門（きょくひどうぶつもん）のナマコは日本では生で酢の物に、中国では干しナマコとして煮込み料理にされます。いずれも味より、生ならコリコリ感、煮物ではネットリ・モチモチした歯ごたえを楽しむもので、この食感を生んでいるのは真皮や筋肉に含まれるコラーゲンなのです。

刺胞動物門に属するクラゲの「傘」の部分は、コラーゲンの塊でメソグリアと呼ばれています。水中ではフニャフニャしているため線維の存在を感じにくいですが、塩とミョウバンに漬け込んで脱水した後に乾燥させると、中華料理の前菜でおなじみのコリコリした食感になります。もちろんコラーゲン主体の食材ですから、栄養がなさそうに見えて塩漬けの状態で100g当たり5・5gもタンパク質を含み、脂質や炭水化物はほぼゼロなのでダイエットに向いた食材かもしれません。

夏が旬のホヤは、強い海の香りと柔らかいようでしっかり歯ごたえのある独特の食感が魅力です。ホヤは尾索動物亜門に属し、海洋生物ではめずらしいオレンジ色の外観から「海のパイナップル」と呼ばれることがあります。食材としては、うまみを感じる筋肉と弾力を生む筋膜の組み合わせが絶妙で、もちろん筋膜をつくっているのはコラーゲンです。

このように、私たちは下等生物のコラーゲンの歯ごたえを味わっているのですね。

要点BOX
- ●カイメンのコラーゲンはⅣ型のオリジナル
- ●ナマコもクラゲもコラーゲン主体の食材
- ●ホヤは筋膜のコラーゲンが独特の歯ごたえに

クラゲのコラーゲン

下等動物のコラーゲンを食べる

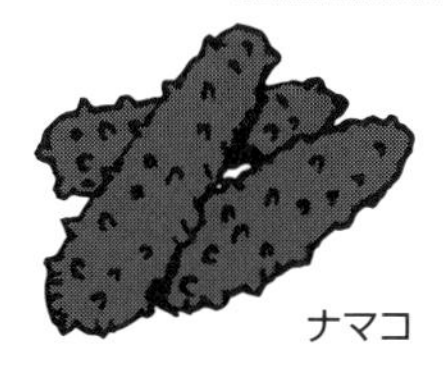

ナマコ・クラゲ

- どちらも中華食材
- ナマコの体 ----- 真皮・筋肉にコラーゲン。総タンパク質の 70%はコラーゲン
- クラゲ -----97% は水、残りの多くはコラーゲン
- 干しナマコを水戻し→3倍（コラーゲンの骨格のおかげ）
- クラゲを水戻し→ 1.2 倍（コラーゲンの骨格のおかげ）
- コリコリしているのもコラーゲンのおかげ

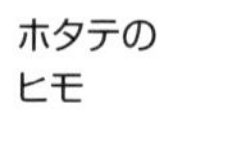

ホタテのヒモ

- 外套膜はコラーゲン
- 酒のつまみ（コリコリするのはコラーゲンのおかげ）

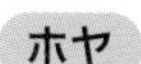

ホヤ

- 筋膜はコラーゲン
- 酒のつまみ（海のパイナップル）

19 異なる硬さの軟骨を組み合わせたサメの骨格

軟骨魚類のコラーゲン

前章で軟骨のコラーゲンについて説明したとき、サメの体は軟骨だけで骨格を構成していると書きました。この点について補足しましょう。

サメ（鮫）とは、軟骨魚類に属する魚です。サメの他にも、エイやギンザメ（実はサメとは異なる種）も軟骨魚類の仲間で、同様に全身の骨格が軟骨で構成されています。

サメの軟骨のコラーゲンは他の動物たちと同じII型です。ただし、一種類ではなく、カルシウムの石灰化などが異なる硬さの違う軟骨があります。そして、これらを組み合わせることにより、部位ごとに最適な骨格をつくっていくのです。

サメのコラーゲンとして最も馴染み深いのは、中華料理の高級食材として知られるフカヒレかもしれません。

フカヒレは、ウバザメやヨシキリザメなど大型種の鰭（ヒレ）を乾燥させたもので、時間をかけて戻してから煮込み料理などに用います。フカヒレ部分の主成分はI型コラーゲンで、タンパク質やビタミン、ミネラルも豊富に含んでいます。

酒の肴になる梅水晶は、サメの軟骨と梅肉を和えたもので、コリコリとした歯ごたえがあります。他の魚類にはない骨ですから、サメが軟骨魚類であることが実感していただけるのではないでしょうか。

東京で「すじ」と呼ばれるおでんの種は、魚のすり身にサメのコラーゲンを混ぜたものです。こちらは軟骨ではなく、筋肉の中にある筋（筋周膜）を利用しています。

考えてみたら、サメの肉は日本ではハンペンなど練り物の材料になるほか、腐りにくいことから山間部では刺身にして食べられています。このように、世界的に見ても白身魚の代表として重宝されているのです。

凶暴な魚として忌み嫌われる割には、人間との関わりは意外と深いことがわかるでしょう。

要点BOX

- ●軟骨魚類はII型コラーゲンで骨格をつくる
- ●カルシウム含有量で硬さが変わる
- ●フカヒレはI型コラーゲン

サメのコラーゲン

肉

白身肉ならではのあっさりとした味わい
捕獲後船上で急速冷凍されているため臭みはなく、身崩れしにくいためアレンジは自由自在で、高タンパク質・低カロリー・低脂肪に加えてコラーゲンも豊富に含まれる

骨類

骨はすべてⅡ型コラーゲンで、
コンドロイチンが多く含まれる

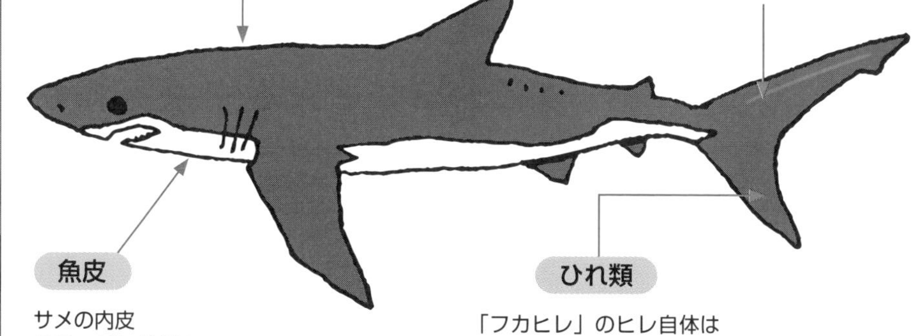

魚皮

サメの内皮
コラーゲンが多い

ひれ類

「フカヒレ」のヒレ自体はⅠ型コラーゲンでヒレの中の骨はⅡ型コラーゲン

軟骨のサメの利点

サメの軟骨は、硬骨の半分の骨密度で非常に軽くて丈夫
柔軟性が高くて、それが俊敏性や機動性が高さつながっている

サメ軟骨の中のタンパク質、コラーゲン量

	タンパク質量(mg/g)	コラーゲン質量(mg/g)
頭	237	15.0
胸元	383	94.5
胸ヒレ	439	31.7
尾	503	65.0

20 魚の皮や鱗、浮袋もコラーゲン

硬骨魚のコラーゲン

硬骨魚の骨は、哺乳類などと同様にI型コラーゲンを主成分にしています。骨中に血管が通り、短期間で代謝していく仕組みも変わりません。骨以外では皮や鱗にも多くのコラーゲンが含まれ、これもI型です。おもしろいところでは、浮袋もI型コラーゲンでできています。硬骨魚類のコラーゲンの大きな特徴は、ヒドロキシプロリンが少なく、変性温度が低いという点でしょう。この変性温度の低さを活かしたさまざまなコラーゲン関連製品に利用され、今後も応用範囲の広がりが期待されています。

機能性食品や化粧品に用いられることが多いマリンコラーゲンは、魚の鱗を原料にしてつくられます。世界中で大量に養殖されているテラピアの鱗を希酸で脱灰したものが流通しており、皮と違って脂を除く必要がないことから重宝されているのです。ちなみに鱗は、外側がケラチンとミネラル層、皮膚側がコラーゲン層になります。

昔は、イワシやサンマを捕る漁船の船倉に残った鱗からコラーゲン製品をつくっていました。もともと廃棄物でしたが、海中に投棄するとヘドロとして蓄積してしまうため、なんとか再利用できないかと研究が始まったのです。

最初は鱗を酢で洗い、カルシウムを抜いていましたが、この方法だとコラーゲンもゼラチンに分解されてしまいます。そこで低温で処理することにし、その後に酵素で分解するときれいなコラーゲンができたのです。

1990年代になって狂牛病の発生により、それまで食用や化粧品のコラーゲンの原料として多く用いられてきたウシ皮の流通量が激減してしまいました。そして、代替品の開発が急がれていたときに魚の鱗から安定してコラーゲンを生産できることになり、これがまさに渡りに船となったのです。以降、海洋性原料に由来するコラーゲン製品が次々と生まれていったのは言うまでもありません。

要点BOX
- ●硬骨魚類は骨も皮も鱗もコラーゲン
- ●ヒドロキシプロリンが少なく変成温度が低い
- ●魚の鱗がコラーゲン製品の主原料のひとつに

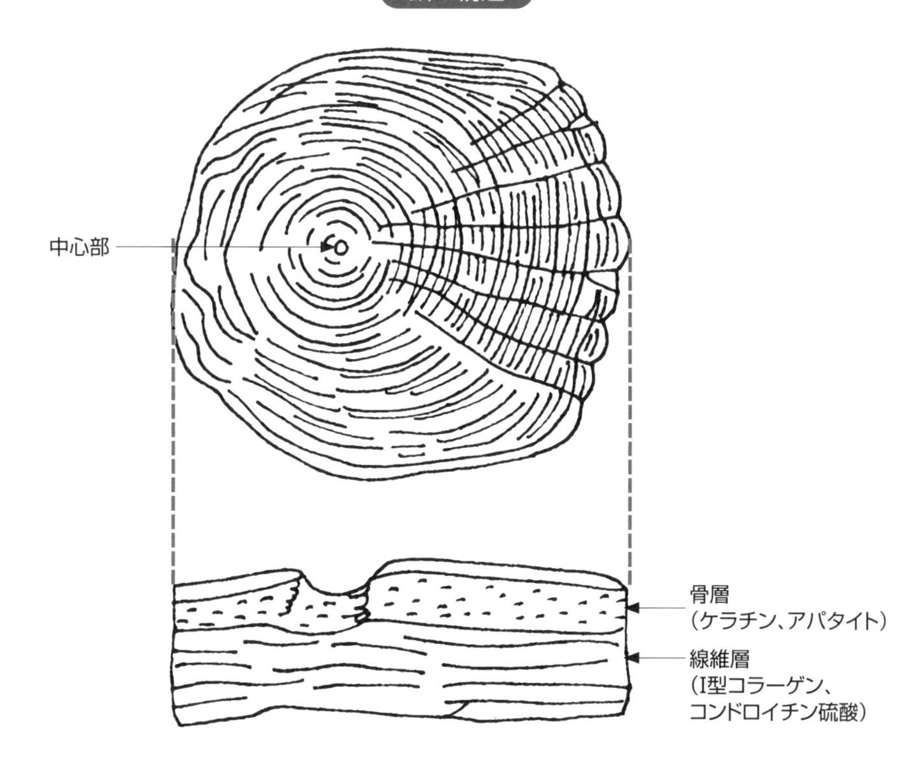
鱗の構造
中心部
骨層
（ケラチン、アパタイト）
線維層
（I型コラーゲン、
コンドロイチン硫酸）

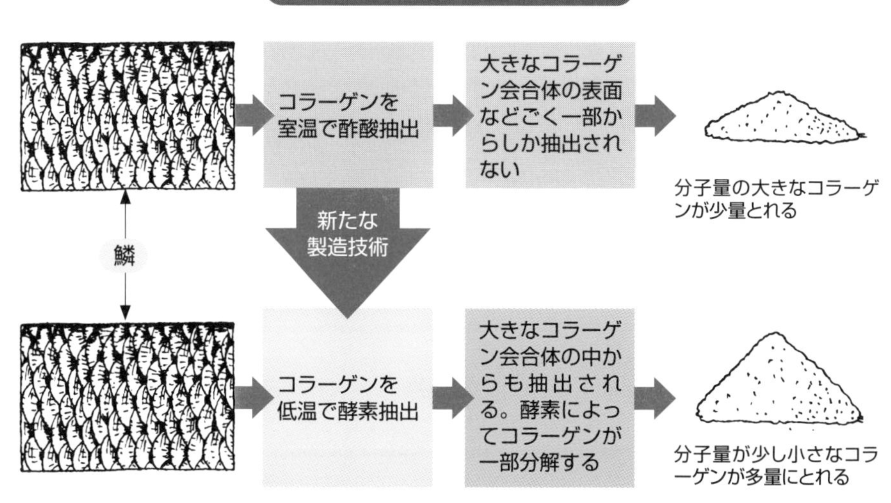
鱗からのコラーゲン抽出技術
コラーゲンを
室温で酢酸抽出
大きなコラーゲン会合体の表面などごく一部からしか抽出されない
分子量の大きなコラーゲンが少量とれる
新たな
製造技術
鱗
コラーゲンを
低温で酵素抽出
大きなコラーゲン会合体の中からも抽出される。酵素によってコラーゲンが一部分解する
分子量が少し小さなコラーゲンが多量にとれる

21 鰻の身はなぜプリプリする？

蒲焼きに代表される鰻料理は濃厚な味わいと栄養価の高さで人気がありますが、他の魚にはない歯ごたえも魅力のひとつです。

ウナギはコラーゲンが豊富な魚で、特に皮はα1鎖が3本のI型コラーゲンで、柔軟性が高く、プリプリする感触を生みます。また、身である筋肉にも筋が多く、ここもI型コラーゲンです。焼いたり蒸したりすることで、分解して食べやすくなるものの、それでも特有の噛み心地を残すところが職人の腕の見せどころなのでしょう。

このような体の構造は、ウナギ独特の生態に由来しているのかもしれません。日本で獲れるウナギ（ニホンウナギ）は、約2500km南下したグアム島付近で孵化したものであることが、最近の研究でわかってきました。

その後、150～500日かけて北上しながら、日本列島に到達したときには5cmほどのシラスウナギに成長しています。そして、川の中で5年以上かけて成熟し、私たちがよく知るウナギに成長するのです（養殖の場合は6カ月から1年半）。

産卵に向かう親ウナギは、逆に日本からグアム島近くまで長い旅をしなければなりません。驚くのはこの間、餌をまったく食べずに泳ぎ続けるそうです。だからこそ、体内に豊富な栄養を蓄えており、それを人間がありがたく頂戴しているのでしょう。孵化からシラスウナギに成長するまでの過程は、まだ完全には解明されていません。このため、産卵まで含めた完全養殖は実験室レベルでわずかな成功例があるだけで、実用には至っていないのです。

シラスウナギの漁獲量が減少傾向にある現在、天然資源に頼っているだけでは、鰻が食べられなくなる日がくるかもしれません。ウナギのコラーゲン組織の研究が進んで、食感がそっくりの人工ウナギができる日が来るかも知れませんね。

ウナギのコラーゲン

要点BOX
- ウナギのI型コラーゲンはα1トリプル
- 丈夫な皮と筋でプリプリの歯ごたえに
- 産卵への長い旅を可能にした強靭な肉体

鰻の身はなぜプリプリする

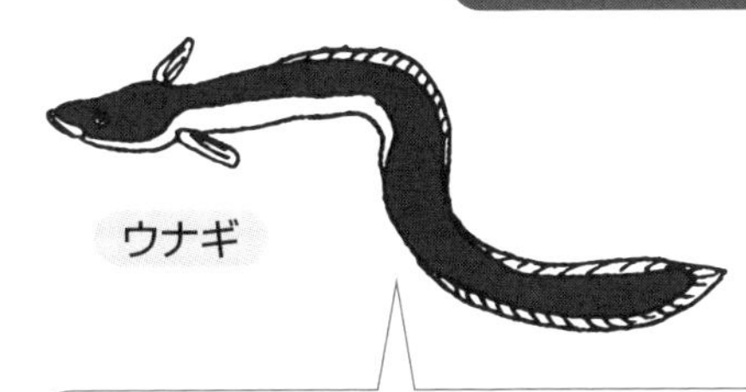

- 食べると元気になる大人気のウナギ
- 生態がまだ完全にはわかっていない
- 卵から成体までの養殖ができつつある（完全養殖ウナギ）
- 身がプリプリなのはコラーゲンが多いから
- 皮は、α1鎖が3本のI型コラーゲン

プリプリ、シコシコの鰻の…

蒲焼き

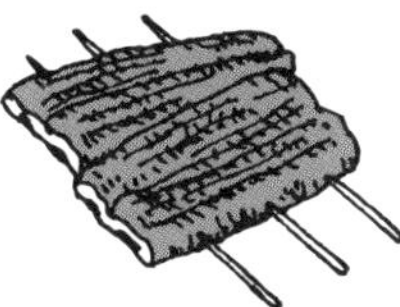

キモ

α1鎖が3本のI型コラーゲン（ウナギの皮のI型）

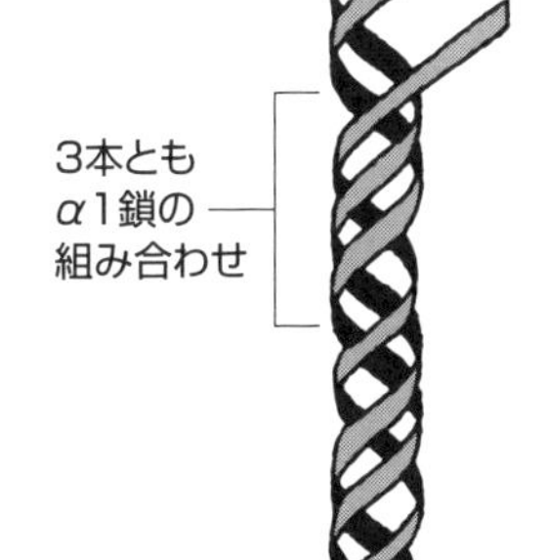

α1鎖が2本、α2鎖が1本のI型コラーゲン（ヒトのI型）

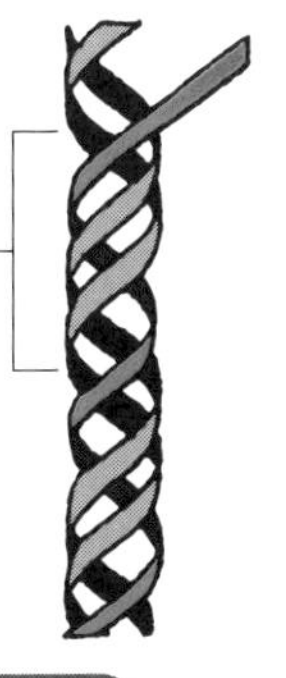

魚種によるコラーゲン量比較

食材	部位他	コラーゲン量（mg/100g）
ウナギ	**蒲焼き**	**5,530**
サケ	皮なし	820
サンマ	皮あり	1,820
ブリ	皮なし	970
真イワシ	皮あり	1,060
サワラ	皮なし	1,040
フカヒレ	戻し（湿）	9,920
（牛すじ）	―	4,980

22 コラーゲンを利用できる動物たち

哺乳類、鳥類のコラーゲン

身近にいる動物たちの体からも、多くのコラーゲンが見つかります。ウシやブタ、ウマなどの皮に含まれるのはI型です。ただし、ウナギのような「α1鎖×3」ではなく、α1鎖が2本、α2鎖が1本の組み合わせでらせん構造をつくっています。丈夫でありながら柔軟性もあり、皮革製品などに多く用いられているのはご存じの通りです。

軟骨はII型コラーゲンで、ホルモン焼の店で出される「ナンコツ」は、ブタの喉や気管の軟骨が多いようです。軟骨のついたあばら肉も、九州や沖縄では煮込み料理の定番です。

動物のコラーゲンを徹底的に食材に仕立てるのが中華料理で、もみじと呼ばれるニワトリ（鶏）足もよく食べられています。加熱してゼラチン質を多くすると、独特の歯ごたえになるようです。

中国では、薬にもコラーゲンを利用します。漢方薬の阿膠（あきょう）がそれで、「膠」という字が入っていることでもわかるように、主にロバの皮を煮出してつくったゼラチンを乾燥させて粉末にしたものです。血行の改善や止血に効くと言われたことで婦人薬として重宝され、唐代の楊貴妃も愛用していたとか。なぜロバなのかはわかっていませんが、交通手段に利用され、身近な動物であったことが理由かもしれません。

このように、動物のコラーゲンは古くからいろいろな場面で利用されていますが、それでもすべてが解明されているわけではありません。ヒトの体については28種類、遺伝子では44系統のコラーゲンでできていることがわかっているものの、この組み合わせはすべての哺乳類に共通したものではないからです。

鳥類はもっと未知の部分が多く、たとえばニワトリの頭上にある鶏冠は何型のコラーゲンでできているのか、詳しくはわかっていません。鳥は恐竜の子孫なので、研究が進めば、生物の進化に関する新たな発見があるかもしれませんね。

要点BOX
- ●コラーゲンが利用される動物たち
- ●コラーゲンを食べ尽くす中華料理
- ●完全には解明されていない動物のコラーゲン

Ⅰ型コラーゲンのアミノ酸配列の相同性

	ヒト	ウシ	ブタ	ネズミ（マウス）	ニワトリ	ゼブラフィッシュ
ヒト	100%	93.49%	93.79%	90.83%	84.02%	69.43%
ウシ		100%	95.86%	90.63%	83.83%	69.82%
ブタ			100%	90.93%	83.63%	69.63%
ネズミ（マウス）				100%	82.05%	68.05%
ニワトリ					100%	69.43%
ゼブラフィッシュ						100%

哺乳類間（ヒト、ウシ、ブタ、ネズミ）では 90% を超えるが、鳥類、魚類と相同性は下がっていく。相同性が高い場合は低アレルゲン性、生体適合性の面で医療材料へ応用しやすい

コラーゲンを利用できる動物

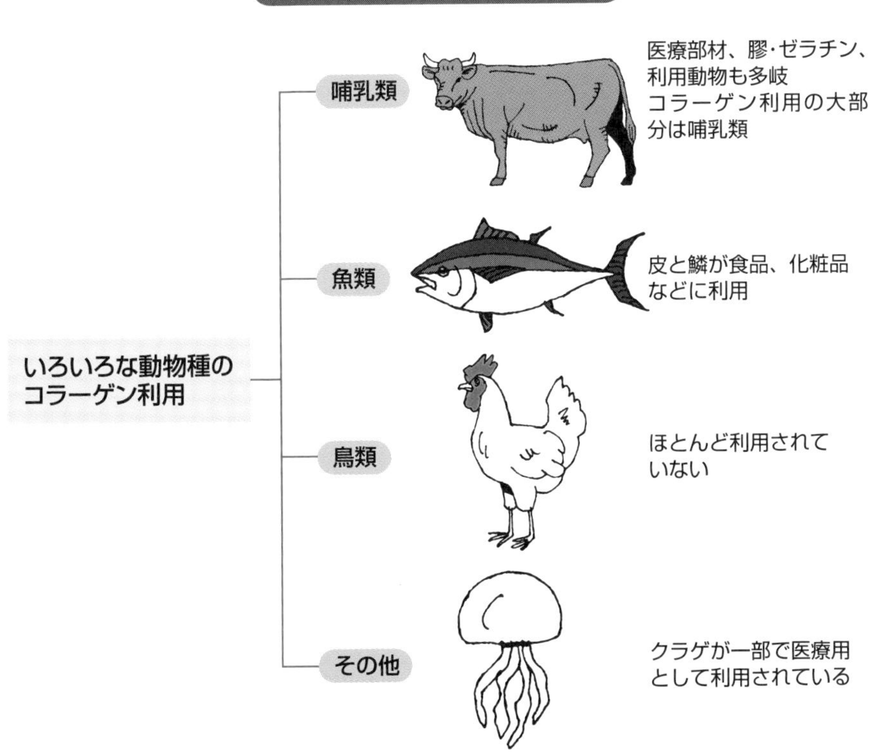

23 カイコがつくるヒト型コラーゲン

遺伝子組み換えカイコの利用

さまざまな動物のコラーゲンが多様な用途で利用されています。そうした中で、新たに注目を集めているのがカイコ(蚕)です。

カイコは長く人類が利用してきた生物で、多量のタンパク質の糸を生産できるように、交配と品種改良が繰り返されてきた歴史があります。このためカイコの遺伝的背景は明確で、近年その絹糸生産能力を利用して他のタンパク質をつくらせる応用が急速に進んでいます。

このカイコの糸(絹糸)はフィブロインというタンパク質でできており、非常に細くて丈夫なことから、手術用の糸としても利用されてきました。しかし、カイコがもともとつくるコラーゲンはヒトのものとは遺伝子系統が異なるため、人体に使用するには問題があります。アレルギーを引き起こすリスクが高く、安全性を保障できないからです。また、細菌を用いた遺伝子組み換え技術では、コラーゲンの複雑な構造はつくり出せません。そこで遺伝子組み換え技術により、カイコにヒト型コラーゲンを生産させるという研究が進んでいます。

具体的にはカイコのフィブロインの代わりに、ヒトのコラーゲンの遺伝子を埋め込むのです。その結果、幼虫のお腹の中で、Ⅰまたは Ⅲ型コラーゲンの分子をつくらせることに成功しました。残念ながら、まだ糸として吐き出すところまでは至っていないものの、実現すれば、ヒト型コラーゲンによる絹糸ができるのです。

カイコによるヒト型コラーゲンの生産が拡大すると、安全なタンパク質原料が低コストで供給できるようになり、新たな利用の拡大につながるでしょう。

日本の研究機関や企業は早くからこの分野の研究・開発に取り組み、技術レベルは世界でもトップクラスです。それだけに、今後の展開に期待の目が注がれています。

●カイコは高いタンパク質合成能力を持つ
●遺伝子組み換えでカイコの幼虫の体内に生成
●安全なコラーゲンを大量生産できる技術に

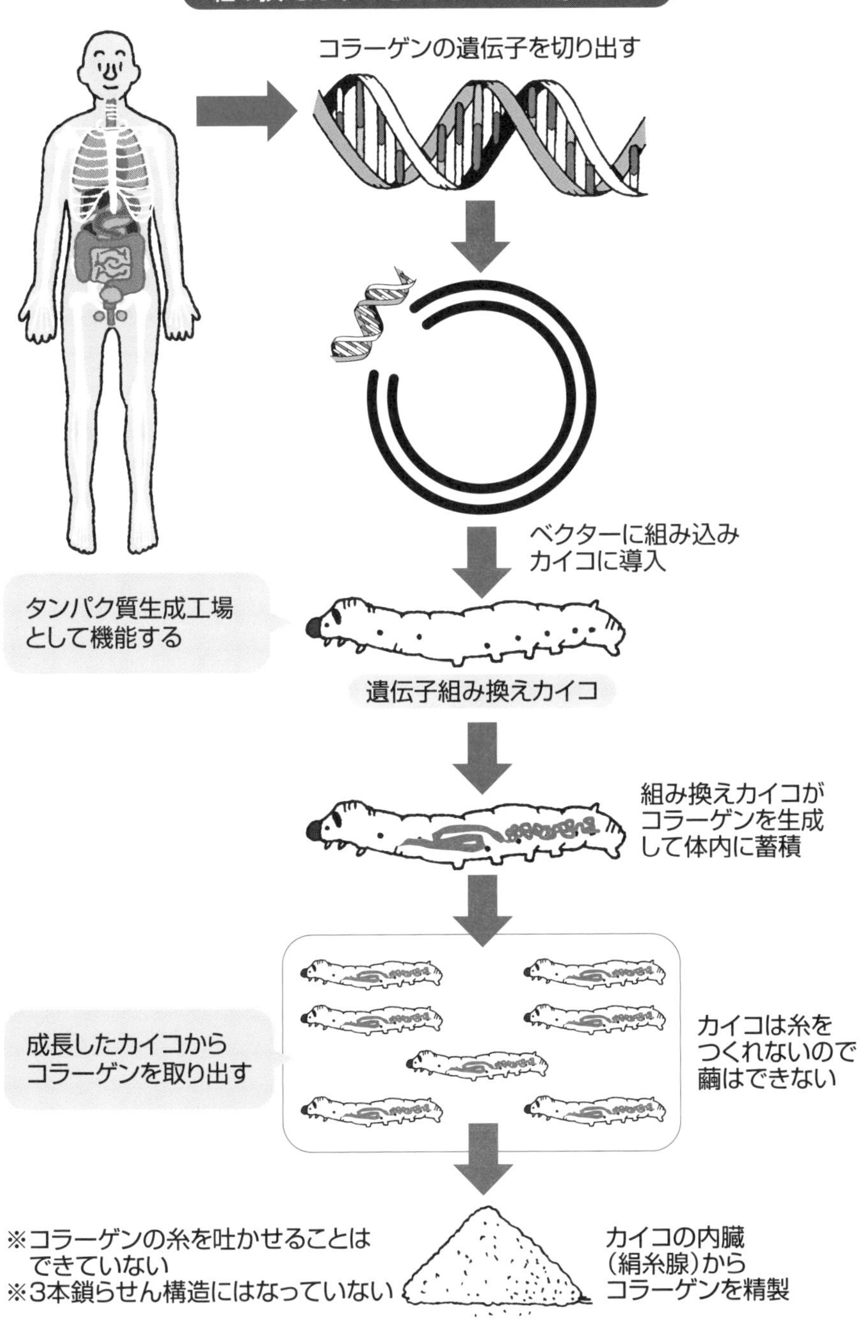
組み換えカイコをコラーゲン工場にする
コラーゲンの遺伝子を切り出す
ベクターに組み込み
カイコに導入
タンパク質生成工場
として機能する
遺伝子組み換えカイコ
組み換えカイコが
コラーゲンを生成
して体内に蓄積
成長したカイコから
コラーゲンを取り出す
カイコは糸を
つくれないので
繭はできない
※コラーゲンの糸を吐かせることは
できていない
※3本鎖らせん構造にはなっていない
カイコの内臓
（絹糸腺）から
コラーゲンを精製

Column

植物にもコラーゲンはある？動物と植物の構造の違い

　本文でも書いたように、コラーゲンはヒトを含む動物に特有の物質です。しかし、植物にも似たような働きをする物質はあり、セルロースやリグニンなどがそれに当たります。

　セルロースは、β・グルコース分子がグリコシド結合により直鎖状に重合した天然の高分子で、植物体を構成する物質（植物質）の3分の1を占め、地球上では最も多く存在する炭水化物です。細く長いことから繊維素とも呼ばれます。

　一方、リグニンは高等植物が「木」へと進化する過程で生み出された高分子のフェノール性化合物であり、複雑な3次元網目構造により丈夫な植物体をつくるのです。このため、木質素と呼ばれます。

　コラーゲンとセルロース、リグニンを比べた場合、相対的にコラーゲンの方が柔軟性に富み、この点が動く動物と静止している植物の違いに関係していると考えられます。つまり多細胞化していくときに、構造物質としてコラーゲンを獲得したのが動物、セルロースとリグニンを獲得したのが植物だというわけです。

　ただし、植物はコラーゲンそのものを持ってはいませんが、コラーゲンの主成分のひとつであるヒドロキシプロリンを合成することもでき、粘性の高いアラビアゴムなどに多く含まれています。ときどきこの点を拡大解釈して、ヒドロキシプロリンを含む植物由来の物質を「植物コラーゲン」と表現する広告コピーを目にしますが、コラーゲンと表現するのにはちょっと無理がありそうで、やり過ぎかなと思っています。

第4章 コラーゲンはどうやってでき、どう分解される？

24 コラーゲン代謝の全体像

人がコラーゲンを食べた後は、どのようになっていくのでしょうか。たとえば、コラーゲンがそのままの状態にあるマグロの刺身の場合を考えてみましょう。まず、口で咀嚼され細かく砕かれますが、この段階ではコラーゲンの三重らせん構造は残っています。飲み込んで胃に行くと、タンパク質分解酵素（ペプシン）と強酸の胃液でコラーゲンを含むタンパク質は酸加水分解し、ペプチドになります。この段階で三重らせん構造は壊れます。その後、十二指腸を経由して小腸でアミノ酸、ペプチドとして吸収されます。吸収されたアミノ酸は各組織に運ばれ、別のタンパク質の材料になったり、エネルギーとして使われたりします。

各組織では、コラーゲンが分解されてできたものを含むすべてのアミノ酸を材料に、コラーゲン（そしてほかのタンパク質）が生合成されます。でき上がったコラーゲンは細胞外に分泌され、太い線維やメッシュ構造を形成して骨や皮膚などの構造物となります。

コラーゲンは強固な物質ですが、人の体は新陳代謝、つまりスクラップアンドビルドが必須です。一度完成した強固なコラーゲンも、老化したり欠陥ができたりしたら分解して新しいものにつくり替えなければなりません。

ここでもコラーゲンの分解が行われることになりますが、それは胃の中とは大きく異なります。コラーゲンは非常に頑丈で、通常のタンパク質分解酵素が働きません。そのため、まずコラーゲンを分解する特別なタンパク質分解酵素（コラゲナーゼ）がコラーゲンを切断し、他の分解酵素が働く状態にします。

その後もいろいろな分解酵素によって小さなペプチド、アミノ酸まで分解されていきます。こうして、前述したように別のタンパク質の材料になったりエネルギーとして使われたりするのです。

この後の項では、この流れの各段階を説明していきます。

要点BOX

- ●食べたコラーゲンは分解されて小腸で吸収
- ●各組織でアミノ酸からコラーゲンが生合成
- ●最終的には酵素で分解される

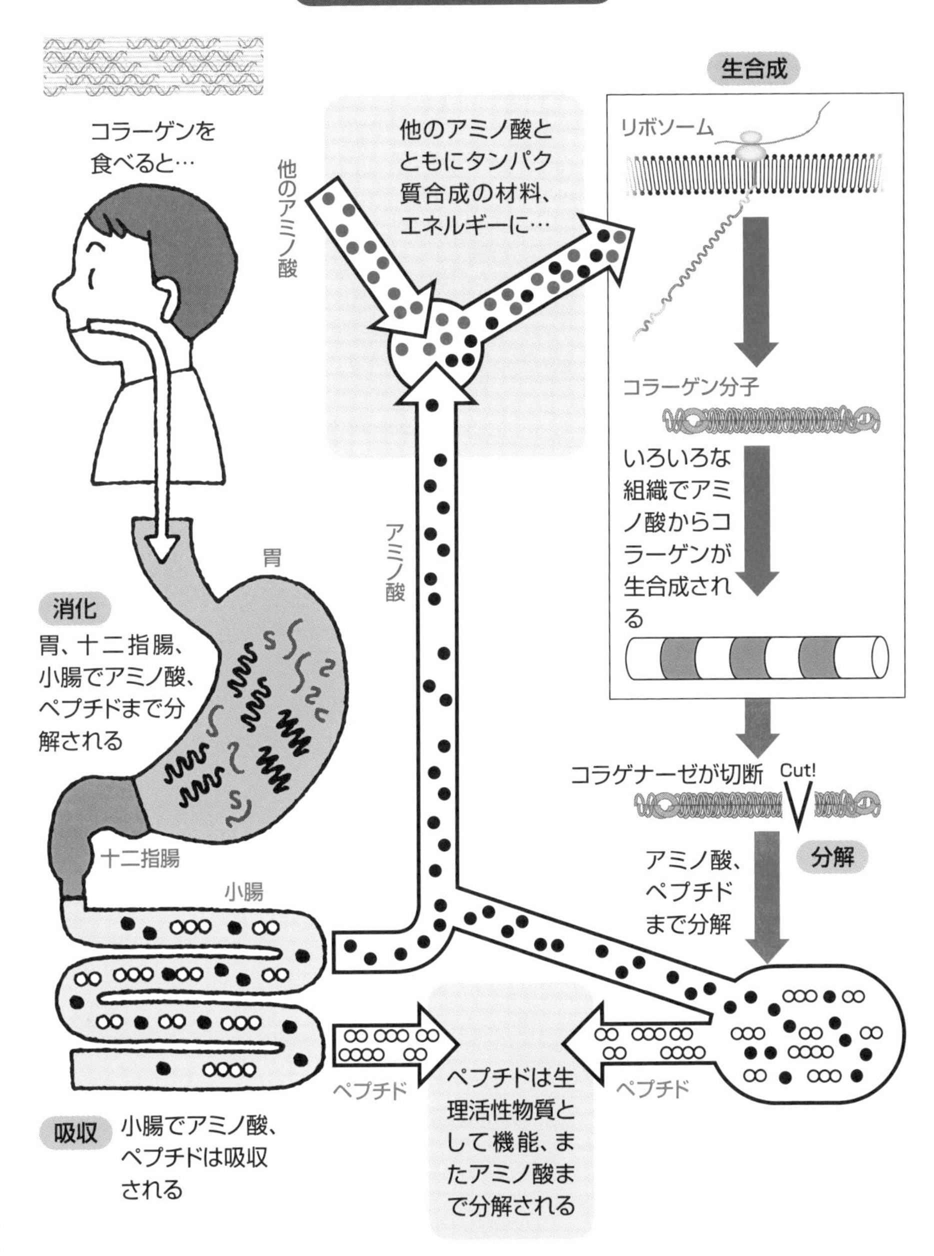

コラーゲンの代謝（概略）
コラーゲンを
食べると…
胃
消化
胃、十二指腸、
小腸でアミノ酸、
ペプチドまで分
解される
十二指腸
小腸
吸収
小腸でアミノ酸、
ペプチドは吸収
される
他のアミノ酸
他のアミノ酸と
ともにタンパク
質合成の材料、
エネルギーに…
アミノ酸
ペプチド
ペプチドは生
理活性物質と
して機能、ま
たアミノ酸ま
で分解される
生合成
リボソーム
コラーゲン分子
いろいろな
組織でアミ
ノ酸からコ
ラーゲンが
生合成され
る
コラゲナーゼが切断
Cut!
分解
アミノ酸、
ペプチド
まで分解

25 コラーゲンはどうやってつくられる?

プロコラーゲンがつくられるまで

コラーゲンは、細胞の中でつくられます（生合成）。そのとき重要な働きをするのが、リボソームという小さな器官です。

リボソームはあらゆる生物の細胞内に存在し、DNAから転写されたメッセンジャーRNA（mRNA）に記録された遺伝情報（タンパク質の設計図）を読み取ります。その設計図の情報通りにアミノ酸をつなげて、タンパク質をつくり上げるのです。

コラーゲンの場合は、分子のもとになるα鎖の合成から始まります。細胞内の粗面小胞体に付着しているリボソームが、mRNAの設計図に基づいてアミノ酸をつなげていき、コラーゲンの特徴である「グリシン-X-Y(-Gly-X-Y-)」の繰り返し構造をつくっていくのです。

合成されたα鎖は、粗面小胞体の中で水酸化やグリコシル化（糖付加）などの修飾反応を受けます。繰り返し構造のYの位置にあるプロリンとリシンの場合は水酸化によって「-OH」のヒドロキシ基となり、それぞれヒドロキシプロリン、ヒドロキシリシンへと変化します。このとき、反応にはビタミンCが欠かせないことは第1章でも説明しました。

ヒドロキシプロリンが生成されると、水素結合によってα鎖同士が引き寄せられ、3本単位のらせん構造が生まれてきます。3本鎖のらせん構造ができ上がった状態が、完成直前のプロコラーゲン分子（コラーゲン前駆体）です。

なお、アミノ酸の連鎖はアミノ基とカルボキシ基によるペプチド結合によって行われるため、α鎖の両端には必ず「結合に使われなかった」基が残ります。それぞれアミノ末端（N末端）、カルボキシ末端（C末端）と呼ばれます。プロコラーゲン分子の場合、N末端、C末端から一定数のペプチド（アミノ酸残基）は三重らせん構造を形成していません（プロペプチド部とテロペプチド部）。

要点BOX

- ●リボソームが遺伝情報の設計図から翻訳
- ●コラーゲン特有のα鎖を構築
- ●α鎖は水酸化や糖付加などの修飾を受ける

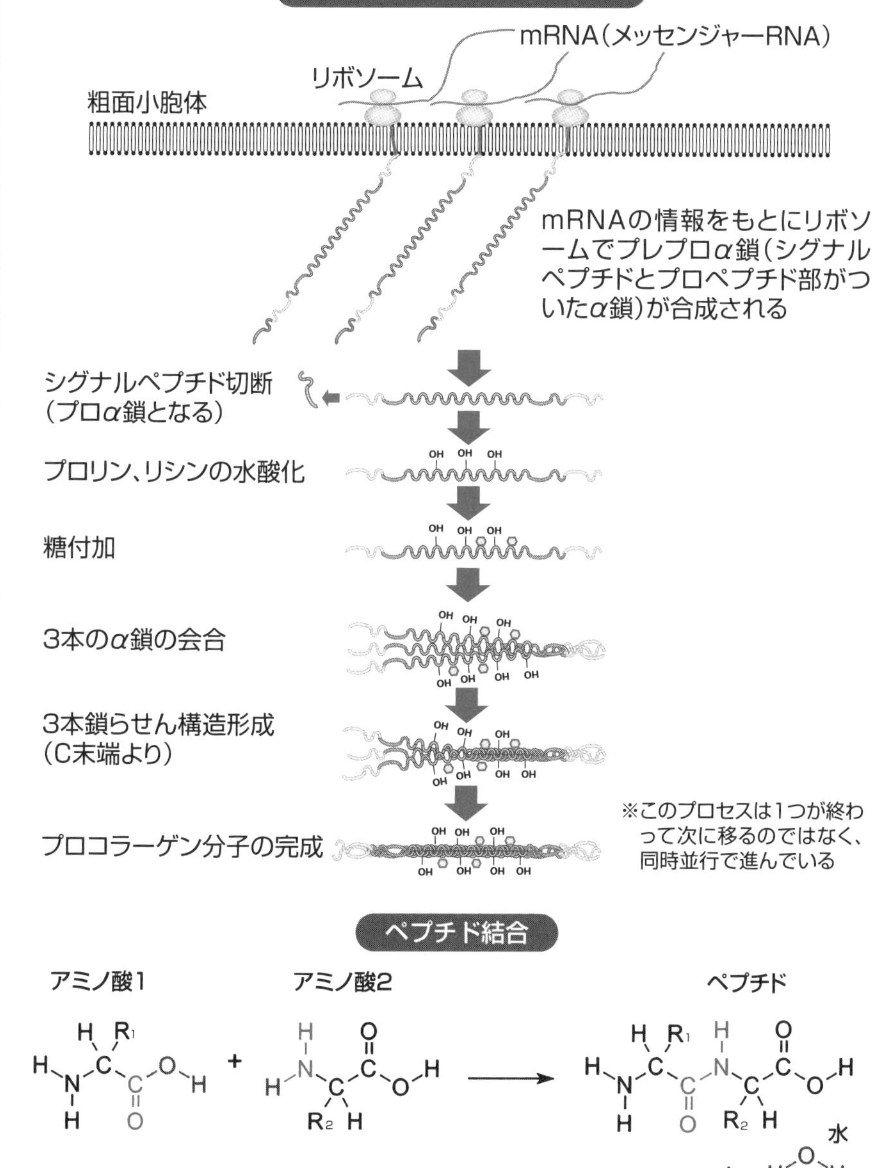

※R_1、R_2の側鎖部分の違いによってアミノ酸の種類が異なる

※アミノ酸1のカルボキシ基(-COOH)とアミノ酸2のアミノ基($-NH_2$)が反応してペプチドとなる（ペプチド結合）。その際、水(H_2O)が1分子出る。ペプチドが切れる場合は逆で、この部分に水が入って結合が切れる

※リボソームではこの結合反応を連続的に進め、アミノ酸が連なったタンパク質が合成される。合成されたタンパク質の両端にはアミノ末端($-NH_2$、N末端)、カルボキシ末端(-COOH、C末端)が残る

26 コラーゲンが細胞の外に出るまで

プロコラーゲン分子の輸送

粗面小胞体の中に生成されたプロコラーゲン分子は、細胞の外に分泌されなくてはいけません。これは、ゴルジ体と分泌顆粒を経由して行われます。

ゴルジ体では通常、タンパク質に糖鎖を付加するなどの翻訳後修飾が行われますが、コラーゲンの場合はその前の段階で水酸化、糖鎖付加などの反応は終わっています。

生成されたタンパク質の細胞外への運搬は、分泌顆粒によって行われます。しかし、I型コラーゲン（プロコラーゲン分子）は300nmにもなる巨大な分子です。どのようにコラーゲンが運搬されるかは解明されていません。

現在のところ、①長い分子が分泌顆粒に入るように折りたたまれる、②大きいサイズの分泌顆粒ができる、③小胞体からコラーゲンを通すトンネルができる、というようなモデルが考えられています。

プロコラーゲン分子が細胞外に出た直後にN末端、C末端にある非らせん構造のプロペプチド部分が切断されます（それでも、非らせん構造のテロペプチド部分は残ります）。このプロペプチド部分が切断されると、67nmごとに規則的に会合し、線維構造の形成が始まります。つまりプロペプチド部は、細胞内などの予定外の場所でコラーゲンが線維構造をつくるのを防いでいるのです。

さらに、規則的に整列しただけでは終わらず、隣接するコラーゲン分子のテロペプチド部と三重らせん構造部分の間に架橋が形成され、より強固な構造となります。

このコラーゲン分子間の架橋がないと十分な強度を保てませんが、過度に架橋が進むことも問題になります。線維症や一部の骨形成不全症、がんの形成と転移では過度の架橋が関係していることが知られており、それによる組織の硬化ががんの転移にも影響していることが疑われています。

要点BOX
- ●生合成された「プロコラーゲン分子」は細胞外へ
- ●細胞外に出たらプロペプチドが切れる
- ●コラーゲン分子が集まり、架橋で強化される

巨大なコラーゲン分子をどう細胞外に運ぶ？（考えられているモデル）

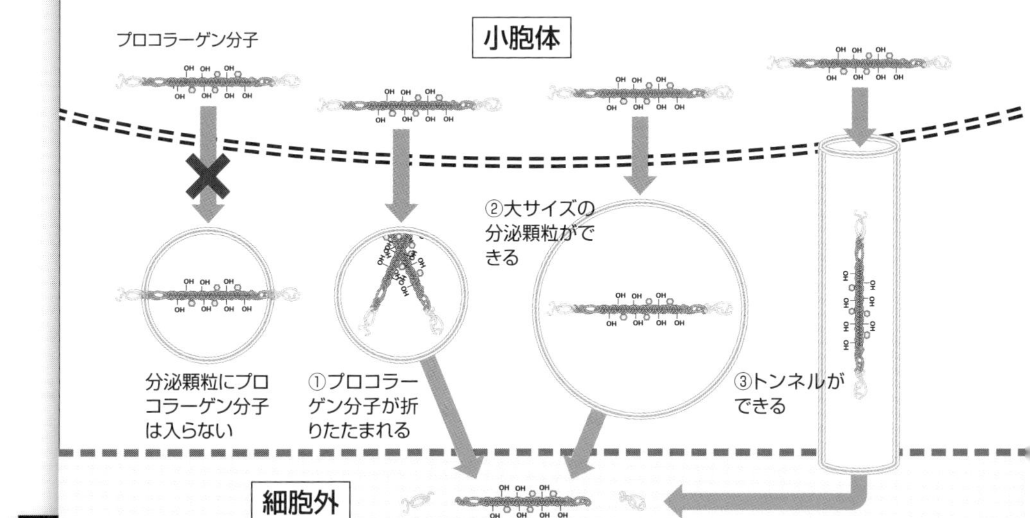

コラーゲン分子間に架橋ができる

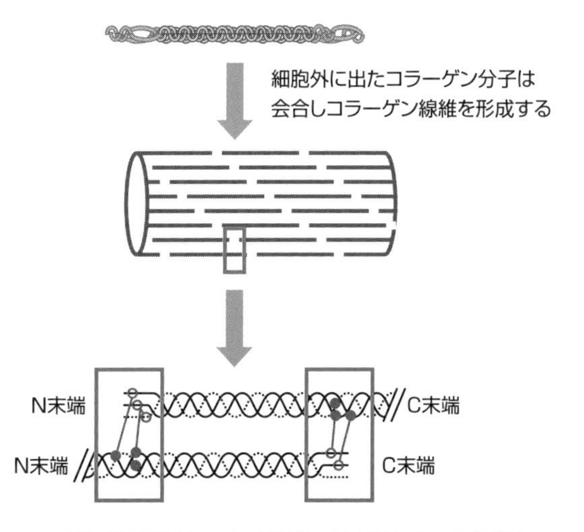

コラーゲン分子が重なっている部分のN末端のテロペプチドと、隣の三重らせん構造に分子間架橋（結合）ができる。同様にC末端のテロペプチドと隣の三重らせん構造にも分子間架橋できる

27 コラーゲンを分解する酵素

24項でも紹介しましたが、生体内では古くなった組織・構造を壊し、新しいものに代えていくことが求められます。これが、よく知られている新陳代謝です。強固で丈夫なコラーゲンも、構造に欠陥が生じた場合などは生体内で分解する必要があります。

体内のタンパク質の多くが、小さな球状のまま水に溶けた状態で存在しているのに対し、コラーゲンは線維や膜状の構造体となって体内のさまざまな組織をつくっています。

コラーゲンは、特有のアミノ酸配列、三重らせん構造とコラーゲン分子が会合・集積した高次構造、鎖と鎖をつなぐ架橋構造などを持ち、化学的に非常に安定したタンパク質です。通常のタンパク質分解酵素では、高次構造を持つコラーゲンを分解することができません。このため、体内の組織をつくっているコラーゲンの分解・代謝を行うための特別なメカニズムが必要になります。

I型コラーゲンを分解する酵素として知られているのがコラゲナーゼです。α鎖の1カ所、端から4分の1の位置で切断します(加水分解)。その手順は、

1. コラゲナーゼがまず切断部位に結合する
2. 局所的にらせん構造を解く
3. その部位のペプチド結合を加水分解する

という一連の流れで進みます。

三重らせんの立体構造が崩れたコラーゲンは安定性が大きく損なわれるため、その後はゼラチン分解酵素や通常のタンパク質分解酵素などで分解され、最終的にはアミノ酸や短いペプチドになります。

このコラゲナーゼによる細胞外での分解以外にも、酸性の環境下でカテプシンという酵素が働く細胞内での分解も存在します。これは、破骨細胞が関わる反応で骨粗鬆症とも関係します。

コラーゲンの新陳代謝のスピードは遅く、皮膚の代謝サイクルは300日、骨で100日ほどかかります。

要点BOX

- ●丈夫な体をつくるコラーゲンは分解も困難
- ●コラゲナーゼという特別な酵素がまずアタック
- ●その後、いろいろな酵素が細分化

コラーゲン分解の流れ

				775	776								
α_1(I)	Gly	Pro	Gln	Gly	Ile	Ala	Gly	Gln	Arg	Gly	Val	Val	Gly
α_1(I)	Gly	Pro	Gln	Gly	Ile	Ala	Gly	Gln	Arg	Gly	Val	Val	Gly
α_2(I)	Gly	Pro	Gln	Gly	Leu	Leu	Gly	Ala	Pro	Gly	Ile	Leu	Gly

切断 コラゲナーゼが775番目と756番目のアミノ酸残基の間を切断する

変性 三重らせん構造は安定性を失いバラバラになる

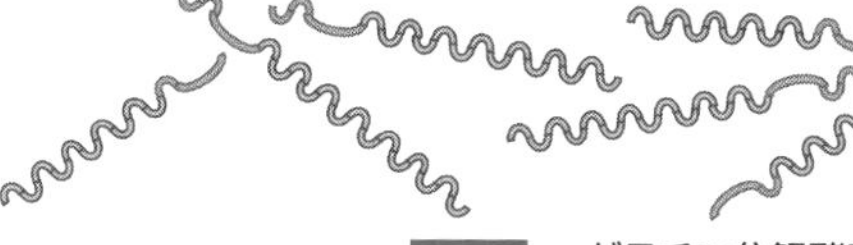

分解 ゼラチン分解酵素や他の酵素がさらに細かく分解する

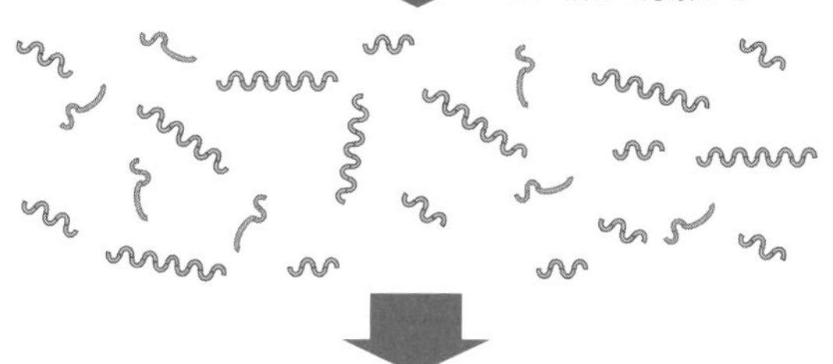

最終的にはアミノ酸や小さなペプチドまで分解され、タンパク質合成の材料、エネルギー源、生理活性物質となっていく

コラゲナーゼの作用

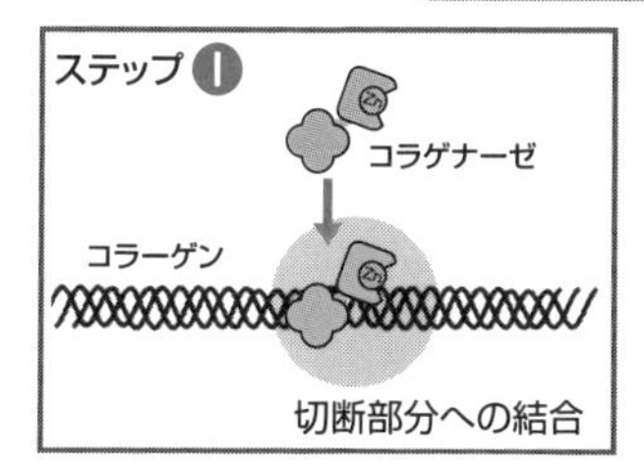

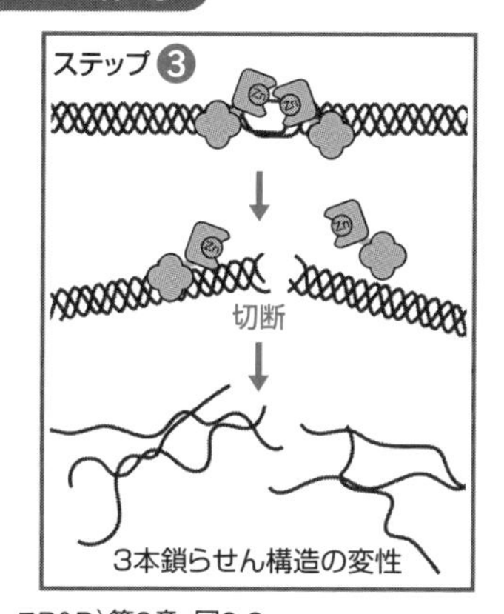

出典：「コラーゲン 基礎から応用」（インプレスR&D）第9章、図9-3

28 食べたコラーゲンはどのように分解・吸収される?

前項は体内組織でのコラーゲンの分解でしたが、食べたコラーゲンはどのようになるのでしょうか。

口で咀嚼され組織が壊れたコラーゲンを含む食べ物は、胃に送られます。体内組織とは大きく異なる胃の中では、強固なコラーゲンもさすがにかたちを保てません。胃の強酸で、コラーゲン分子は酸加水分解されて三重らせん構造が壊れ、ペプシンなどのタンパク質分解酵素がさらに分解していくことになります。

その後、膵液や小腸で分泌されるトリプシンやキモトリプシン、ペプチダーゼなどの酵素によって細分化され、「最終的には完全にアミノ酸単体まで分解されてから小腸で吸収される」というのが、タンパク質の分解吸収についての栄養学の古い常識だったのです。ところが最近になって、タンパク質のすべてが必ずしもアミノ酸で吸収されるわけではないことがわかってきました。それはすべてのタンパク質で起こることなのですが、コラーゲンの場合は特に顕著です。

コラーゲン加水分解物を摂取した場合、アミノ酸にまで分解された遊離ヒドロキシプロリン(Hyp)と、複数のアミノ酸が結合しているペプチド型ヒドロキシプロリンの血中濃度を測定した結果では、次ページ下図に示すようにヒドロキシプロリンのうちのかなりの割合がペプチドの状態のままだったのです。これは、ペプチドのかたちでの吸収があることを示しています。

コラーゲンの合成はリボソームで、アミノ酸を材料として行われます。コラーゲン起源のペプチドが直接コラーゲンの材料になるわけではありませんが、これらのペプチドは何らかの役目を担っていると推測されています。アミノ酸が結合したペプチドには生理活性を示すものも多く、コラーゲン由来のペプチドも皮膚や骨、関節の細胞に影響を与えるという研究結果も多く出てきています。今後、コラーゲンの消化・吸収のメカニズム、コラーゲン由来のペプチドの機能についての研究はさらに進んでいくでしょう。

コラーゲンの消化・吸収

要点BOX
- ●タンパク質は胃液でペプチドに
- ●アミノ酸、ペプチドが小腸で吸収される
- ●ペプチドには生理活性がある

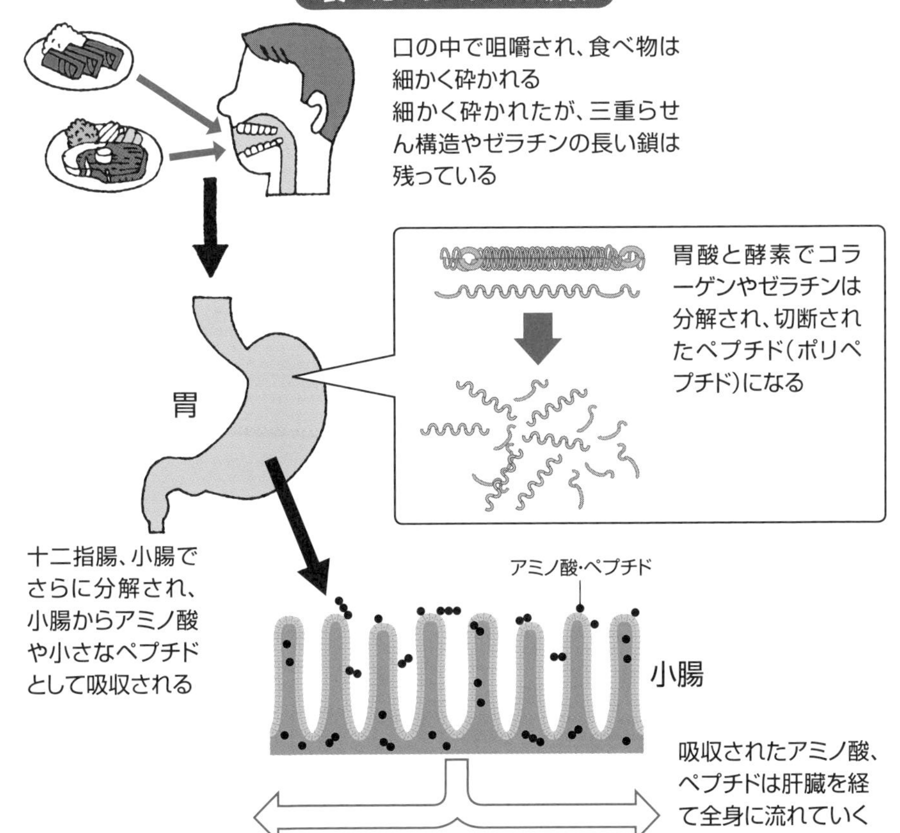

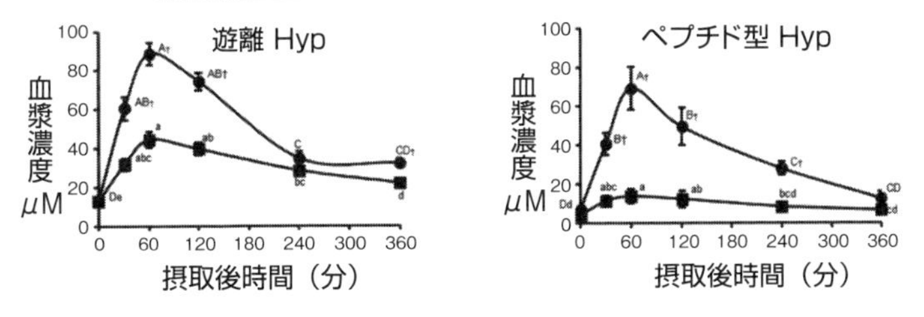

●はコラーゲン加水分解物、■はヨシキリザメ調理肉。左は摂取後の血漿中の遊離型ヒドロキシプロリン濃度(アミノ酸単体)、右は摂取後にペプチド形態で存在したヒドロキシプロリン濃度
右のグラフは小腸からペプチドで吸収されている量を表している(もし小腸からペプチドで吸収されてなかったら、右のグラフの値はゼロになる)。●の方が■よりペプチド形態で吸収されている。■のヨシキリザメでは30%しかペプチドで吸収されていないが、やはりペプチドでの吸収は見られる
出典:「コラーゲン 基礎から応用」(インプレスR&D)第11章、図11-4

29 コラーゲン摂取の効果は?

分解物には生理活性がある

前項で、摂取したコラーゲンはすべてアミノ酸に分解されるのではなく、かなりの量がペプチドとして吸収されるという話をしました。

ペプチドは複数のアミノ酸が結合したもので、直接タンパク質合成に利用されるものではありません。また、コラーゲンに含まれるヒドロキシプロリン、ヒドロキシリシンは特殊なアミノ酸であるため、リボソームでのタンパク質合成の材料にそのまま使われることはありません。

このようなことから、コラーゲンを多く含む料理やゼラチン、コラーゲン加水分解物を摂っても、それがそのまま体内でコラーゲンになるわけではなく、摂取による直接的・劇的な効果を期待するのは難しいかもしれません。

しかし、近年の多くの研究結果を見ると、「まったく効果がない」と言い切ることもできないようです。コラーゲンやゼラチン、コラーゲン加水分解物を摂った後に増えるペプチドには、いろいろな生理活性を持つ物質があります。

もともとアミノ酸が連なったペプチドには、多くの生理活性を持つ例があります。有名なところでは、インシュリンや成長ホルモン、愛情ホルモンと言われるオキシトシンもペプチドなのです。

血中で検出されたコラーゲンペプチドについて分析していくと、すでにいくつかの生理活性を持つ物質が見つかっています。一例では魚類を分解したペプチドに、血管を広げて血圧を下げるACE(アンジオテンシン転換酵素)阻害効果が見つかっています。

コラーゲンやゼラチンを食べること、コラーゲン加水分解物を摂ることの効果への懐疑論は強くあります。この「コラーゲン摂取の特別な効果はあるのか?」という質問に対する答えは、「明確な証拠はないが、効果がある結果の報告やメカニズムも提案され、今後の研究に期待」というところではないでしょうか。

要点BOX

- コラーゲンペプチドはそのままコラーゲンにはならない
- コラーゲンペプチドの生理活性が見つかっている
- 「摂取」効果は今後の研究に期待

吸収された後のアミノ酸とペプチドの行く末

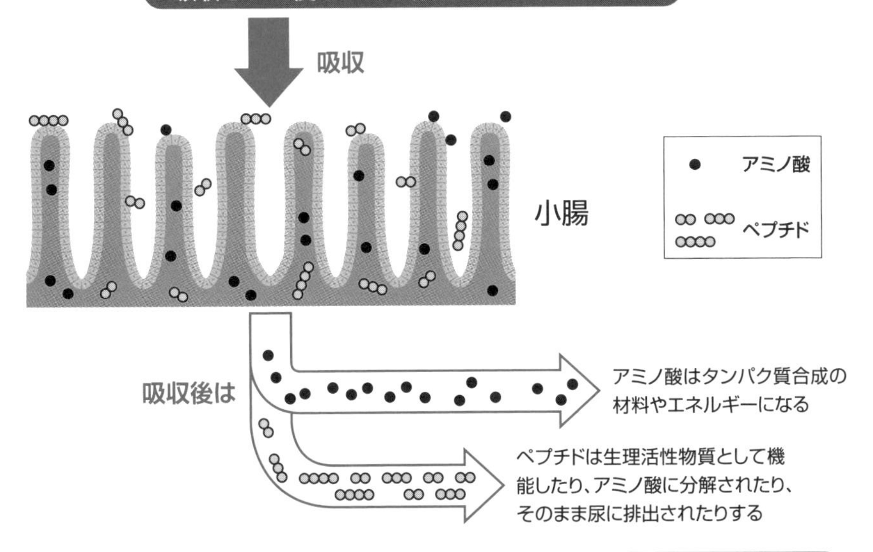

ブリおよびカツオ中骨コラーゲンペプチドより精製したACE阻害ペプチド

種類	配列	ACE阻害活性(IC50(mM))
ブリ	Gly-Ile-Val-Leu-Hyp-Gly-Tyr	6.22
	Gly-Phe-Val-Gly-Hyp-Gly-Thr	1.82
カツオ	Gly-Pro-Ile-Gly-Pro	161.8
	Gly-Pro-Ile-Gly-Leu-Hyp-Gly-Pro	5.7
	Gly-Phe-Hyp-Gly-Leu-Hyp-Gly-Pro	31.7
ニワトリ(参考)	Gly-Ala-Hyp-Gly-Leu-Hyp-Gly-Pro	56.0

魚類ペプチドの降圧効果

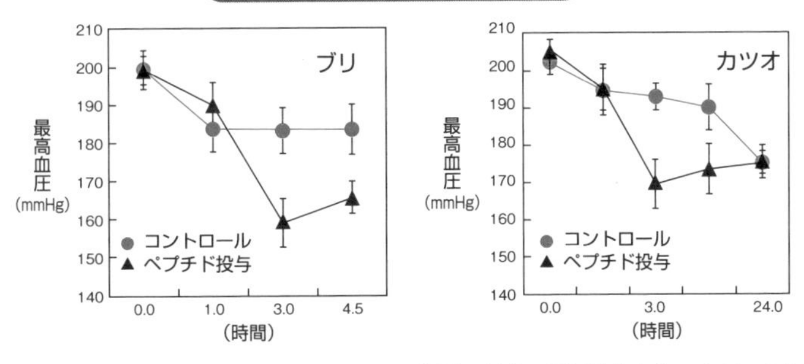

自然発症高血圧ラット(SHR)にペプチドを100mg/kg体重の割合で経口投与し(コントロールには生理的食塩水)、一定時間後に血圧(最高血圧)を測定した

出典:「コラーゲン 基礎から応用」(インプレスR&D)第13章

Column

基底膜は組織や場所により多様な機能を発揮している

コラーゲンと言えば、どうしても皮膚や骨を構成するI型の線維性コラーゲンの話が中心になってしまいますが、基底膜の主成分であるⅣ型コラーゲンにも目を向けてください。

皮膚の中にある基底膜は真皮と表皮を分けて、必要な物質だけを通すフィルターのような働きをしますが、実は他にも体内のあちこちに存在し、それぞれ重要な役割を担っています。たとえば、Ⅳ型コラーゲンと巨大タンパク質であるラミニンなどを主成分とする基底膜があり、血液のろ過フィルターとして腎機能を支えているのです。このため、炎症などによって基底膜が損傷を受けると、大きな病気の原因になります。

他にも子宮や血管、筋膜などにも基底膜はあり、Ⅳ型コラーゲンによる網目構造を活かしてフィルターとしての役目を果たしています。当然、それぞれの部位によって透過させる物質は違ってくるわけで、成分や構造を少しずつ替えながら、最適な機能を発揮できるようにしなければなりません。

重要なところでは、肺呼吸における二酸化炭素と酸素の交換（ガス交換）も、基底膜がなければ絶対にできません。そう考えると、私たちが日常、いかに基底膜のお世話になっているか、身に染みてわかるのではないでしょうか。

第5章

革や墨、膠、写真フィルムも コラーゲン

30 広い分野で使われるコラーゲン

コラーゲンの用途

コラーゲンは機能性素材として、幅広い分野で利用されています。

第一は革製品です。詳しくは次項で説明しますが、牛や豚、羊など動物の皮に「なめし」という工程を加えることで革となり、靴や衣類、雑貨などをつくることができます。革製品は丈夫なだけでなく、デザイン性に優れた高級品にもなることから、コラーゲンの利用方法としては最も古くから行われてきたものです（私たちは知らずにコラーゲンを着ているのです）。

第二は工業製品としての利用で、コラーゲンを原料に膠（にかわ）やゼラチンを生産し、接着剤や成形材料にしてきました。特に、膠は人類にとって最古の接着剤のひとつであり、5000年近く前から使われてきました。今でも楽器や工芸品などでは欠かせないもので、化学合成品に負けない活躍をしています。

第三は食品分野です。ゼラチンやコラーゲン加水分解物が入った食品や飲料が次々と開発されるなど、非常に注目される領域です。

第四は化粧品や医療品です。コラーゲンの変性物であるゼラチンやコラーゲン加水分解物だけでなく、構造タンパク質としての性質を活かして再生医療部材への応用が期待されています（第8章で詳しく触れます）。

コラーゲンの多目的利用は、持続可能な社会を実現する上でも重要なことです。家畜生産や漁業によって得られた動物や魚は、ほとんどの場合、食用に供されます。つまり、必要なのは「肉」であり、皮や骨などの食べられない、あるいは食べにくい部位は廃棄物として処理されてきました。革製品などとして利用されるのは、ほんの一部に過ぎなかったのです。しかし、技術の進歩や市場の開拓によりコラーゲンの新たな活用領域が広がれば、廃棄物だったものが資源に生まれ変わります。そういう意味でも、コラーゲン利用の未来に期待したいですね。

要点BOX
- ●革製品、工業製品、食品、化粧・医療品に利用
- ●食品や医療分野では用途が拡大している
- ●廃棄されていた皮の利用で持続可能社会を実現

コラーゲン関連物質

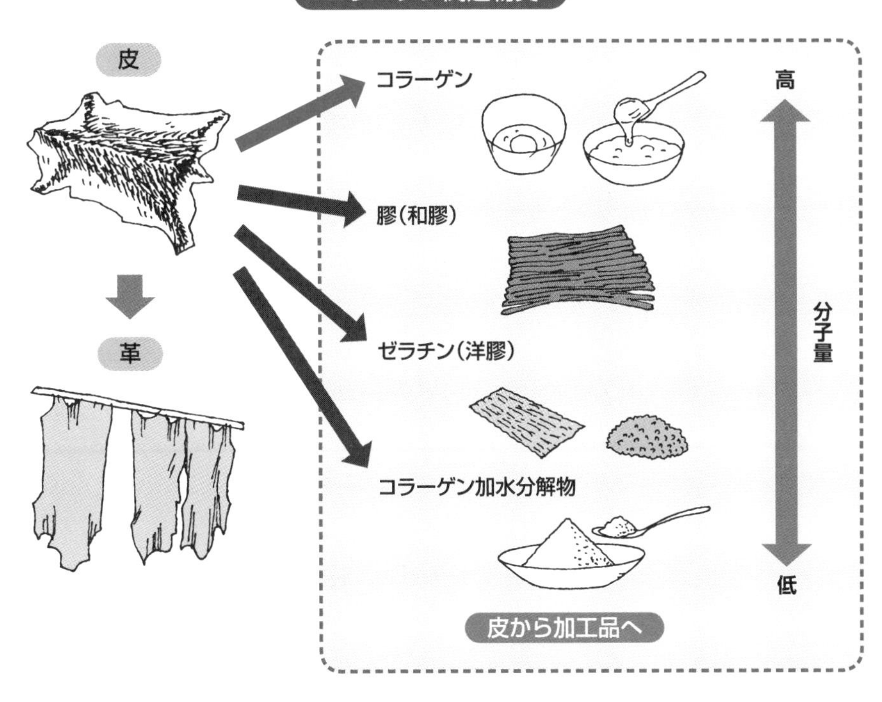

広い分野で利用されている

衣類・雑貨

革製品

食品

ゼラチン
コラーゲン加水分解物

工業製品

膠
ゼラチン

化粧品・医薬品

再生医療部材

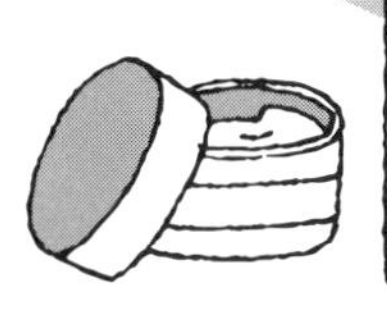

※左上から右下に向かって、加工度合、精製度合が高くなる

31 なぜコラーゲンが使われるのか？

コラーゲンの持つ多くの利点

前項で紹介したように、コラーゲンはとても広い分野で使われています。それは、なぜなのでしょうか。ここまでいくつかの利点を別々に紹介してきましたが、ここでもう一度まとめておきましょう。

一つは、コラーゲンの持つ化学的性質の多様性にあります。コラーゲンは強固な線維としての性質を持ちます。これは衣類だけではありません。強固かつ成形しやすいことで、そのような用途が必要な食品や医薬品でも利用されます。

コラーゲン分解物であるゼラチンの持つ、体温では溶液（ゾル）、低温ではゲル化する性質は、ここでは挙げられないほど広い用途で利用されています。ゼラチンが乾燥すると固化する性質は、接着剤として利用されます。

また、溶液となったゼラチンの持つ極性などの性質は、分散剤、乳化剤、凝集剤などとしても利用されています。他にも薬効成分の運び役（ドラッグデリバリーシステム）や、徐放剤（薬を穏やかに効かせる効果）としての利用もあります。

ゼラチンをさらに分解したコラーゲン加水分解物は、その保水効果、増粘効果、pH調整効果が食品や化粧品、医薬品などで利用されています。

多様な性質が利用されるコラーゲン類ですが、もうひとつ重要なポイントがあります。コラーゲンは、体を構成するとても一般的な物質であることです。このため抗原性が低く、基本的には安全なため、工業分野だけでなく食品、化粧品、医薬品などにも利用できるのです。

さらに、生分解される物質であることもポイントです。これは長所でもあり短所でもあるのですが、体の中で吸収・分解される必要のある用途には安全性を含めて最適な物質だと言えるでしょう。

このようなコラーゲン類の幅広い利用の詳細について、この後の項で紹介していきます。

要点BOX

- ●コラーゲン類は多様な化学的特性を持つ
- ●人の体の一般的な成分なので安全性が高い
- ●それらを利用したとても広い使われ方をしている

コラーゲン類の持つ性質を利用

分類	産業利用に適した性質	代表的な利用
コラーゲン	●強固な結合➡硬い･丈夫 ●易成形性 （成形のしやすさ） ●低温で液状･体温でゲル状 ●抗原性が低く体内で分解	●皮革利用 ●食品 （ソーセージケーシング） ●医薬品
ゼラチン	●低温でゲル状･体温で液状 ●乾燥すると固化･接着 （温水で再剥離） ●分散･乳化･凝集効果 ●抗原性が低い	●食品 ●医薬品 ●接着剤･固化剤 ●分散剤、乳化剤、凝集剤
コラーゲン加水分解物	●保水効果、増粘効果、 pH調整効果 ●抗原性が低い	●食品 ●医薬品

コラーゲン類が利用される産業分野

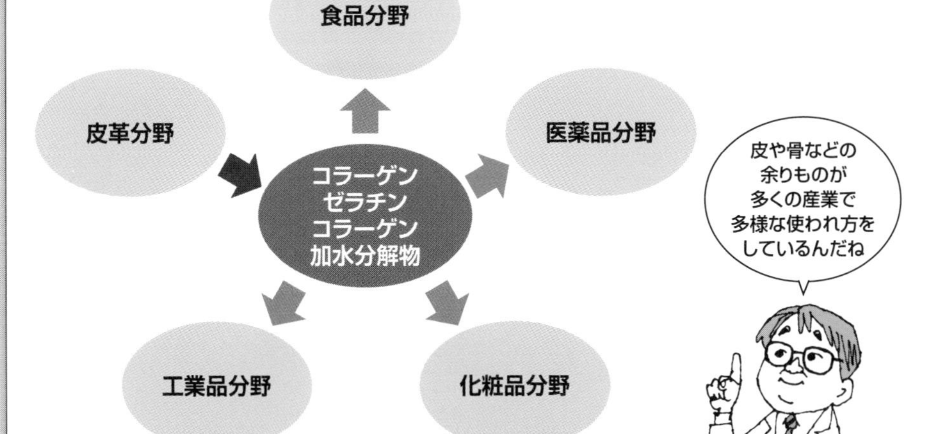

32 皮は食べても革は食べるな

皮と革の違い

皮（skin）と革（leather）はどちらも「かわ」と読みますが、同じものではありません。簡単に言えば、動物の皮をなめすと革になります。それでは「なめす（鞣製、Tanning）」とはどんな作業なのでしょうか。

皮の成分は主にI型コラーゲンの線維であるものの、他のタンパク質や糖質、脂質なども含まれます。これらは腐敗の原因になるため取り除かなければなりません。

手順としては、まず、原料用に保存されている「皮」を大量の水で洗います。これは汚れを取り除くだけでなく、保存性を高めるためにまぶしていた塩分を抜く必要があるからです。続いて石灰漬けにしてコラーゲン線維をほぐし、毛を抜きやすくします。さらに、残っている皮下組織や脂肪なども除き、石灰分を洗い流せば準備工程は終了です。

ここからは本格的な「なめし工程」に入ります。使われるのは、鞣剤と呼ばれる専用の薬品です。皮に染み込むと、化学反応によりコラーゲンの線維と線維の間に橋を架けて丈夫にするだけでなく、線維の隙間に充填することで構造を固定させるのです。まさに皮から革に変わる瞬間であり、その後は熱を加えてもゼラチン化せず、安定した状態を保ちます。

その後、染色や防腐処理を加えるなどの作業を行い、革製品の原料にするのです。つまり、革は皮のコラーゲン線維を精錬純化し、薬品によって定着固定することでもたらされます。これにより、保存性や耐熱性、保湿性、吸湿性などに優れた理想の素材になります。さらに、美しく加工することで多くの革製品が生まれるのです。

かの、チャールズ・チャップリンの映画『黄金狂時代』には革靴を煮て食べるシーンがありますが、皮と革は違うので煮ても簡単には柔らかくなりません。また、鞣剤には毒性の強い成分を含むものもあり、絶対に真似しないでください。

要点BOX

- 「皮」を精錬純化したものが「革」
- 薬品によってコラーゲン線維を定着固定させる
- 革は加熱しても簡単には分解しない

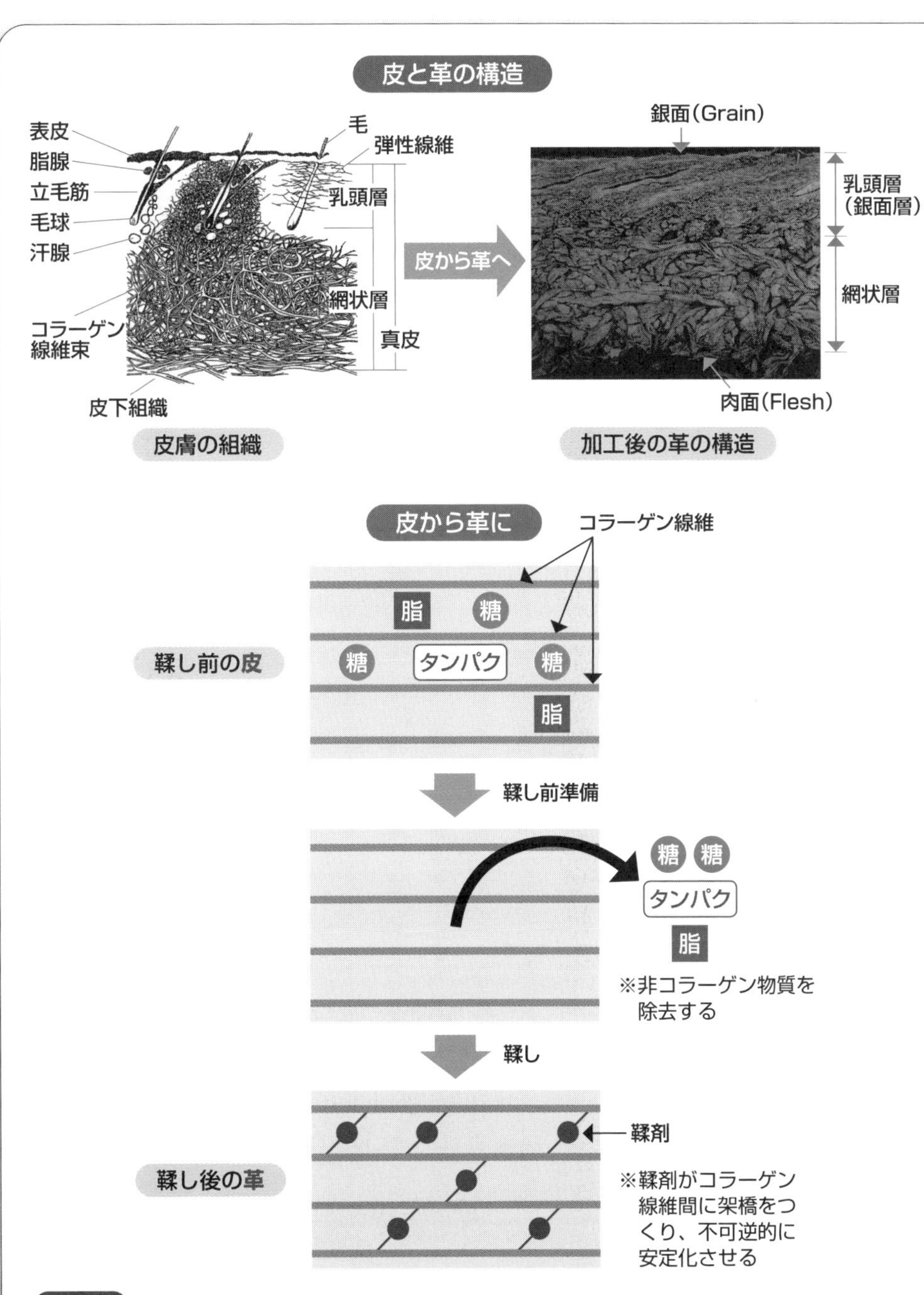

用語解説

鞣剤（なめしざい）：「皮」に耐熱性、染色性、弾力性、可塑性、充填効果、給水性などを与えて「革」にする薬品で、クロム塩やタンニン、アルデヒド、油脂などを含む

33 膠も1種類じゃない

膠の種類

　膠は、製法の違いによっていくつか種類があります。和膠（わにかわ）は昔ながらの手工業で生産されるもので、動物の皮などを大釜で煮出した後、精製せずに濃縮・乾燥を経て完成します。特徴としてはゼラチンの分子量分布が広く、いろいろな大きさのゼラチンが混ざった製品です。
　そのおかげで、いろいろな材料に対応できるだけでなく、夾雑物として含まれる糖（プロテオグリカン）の効果により接着力が強くなるというメリットもあります。このため、古くから木製品の接合に重宝されてきました。
　和膠にもいくつかバリエーションがあります。たとえば、墨用は低温で煮出すことで分子量の大きいゼラチンを多くする、また長く煮出すことで低分子化させるなど、目的ごとに製法を変えているのです。
　日本画で絵の具を定着させる三千本膠（さんぜんぼんにかわ）は、石灰漬けした皮を温水抽出してつくります。最近、美術工芸用の和膠を製造していた小規模生産者が廃業し、美術界は大騒ぎになりました。その後、関係者の尽力によって大手企業が製造を請け負うかたちで復活したのは喜ばしいことです。
　洋膠（ようにかわ）は、ウシ皮や骨を石灰に浸漬することで毛やミネラル、脂などの夾雑物を取り除き、さらに数段階に分けた熱水抽出したゼラチンを品質が一定になるようにつくります。このため、和膠のような強い接着力はありません。
　食用ゼラチンも原料を分解する基本的な方法は同じですが、酵素による分解、フィルターろ過、パルプろ過や限外ろ過、さらにはイオン交換樹脂による精密ろ過など高度な精製処理を行う点が大きく異なります。
　その後は加熱殺菌してから、粉砕・分級によってゼラチンの分子量を整えるので、製品によるバラツキが少なくなるのです。

要点BOX
- ●和膠は大釜で煮出す伝統的な製法
- ●墨用や絵画用など特徴ある製品にもなる
- ●洋膠は純度が高く、調整もしやすい

成分と用途から見たコラーゲンと膠・ゼラチンの違い

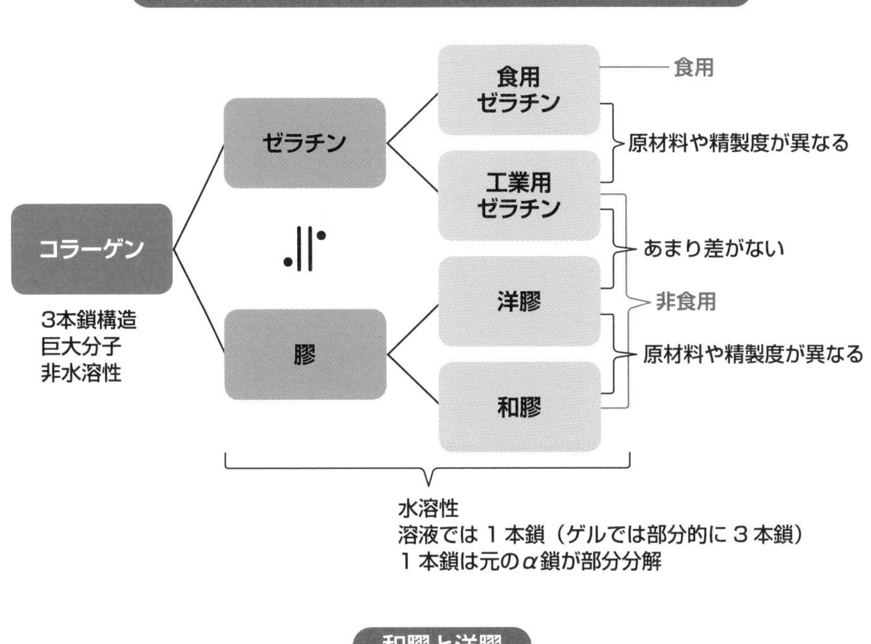

和膠と洋膠

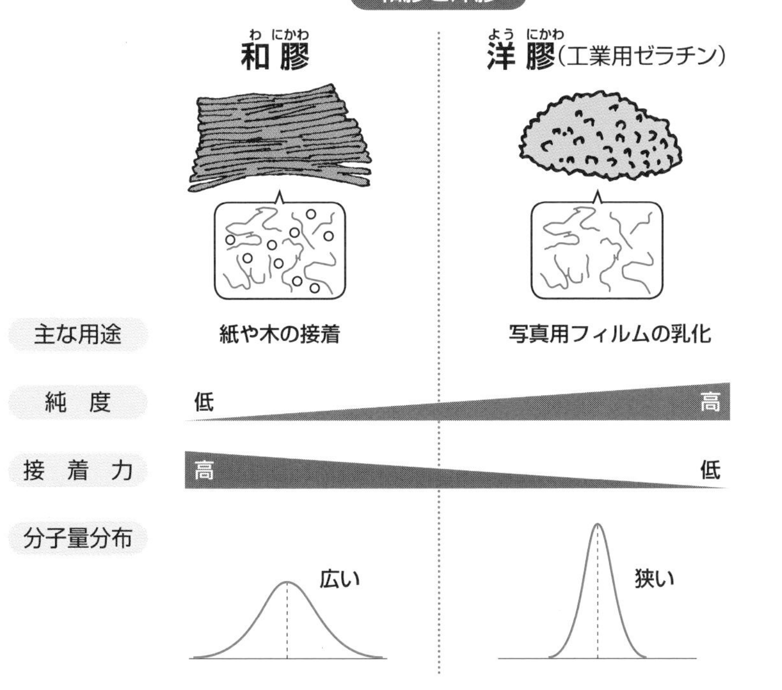

34 ゼラチンは原料から複数回に分けて抽出

ゼラチンと膠の製造方法

日本では、食用ゼラチンの原料としてウシ骨やウシ皮、ブタ皮などを用います。ただし、骨の場合は重量の約半分がカルシウムのため、除去しておかなければなりません。自然に風化してカルシウムが抜けた脱灰骨（オセイン）であれば、その作業は不要です。

次に、原料を3カ月ほど石灰に浸けておきます。そうすることで、脱脂と夾雑物の除去が進む上にコラーゲンの線維がほぐれるので、分解しやすくなるのです。その後、余分な石灰を洗い流しておきます。皮の場合は、この期間は短くて済みます。

ここまでの事前準備を経て、ようやくゼラチンの抽出を行うのですが、その作業は複数回に分けて行われます。最初は50～60℃、次に少しずつ温度を上げながら作業を繰り返すことで、ゼラチンを無駄なく取り出すことができるのです。

抽出したゼラチン溶液は、ろ過やイオン交換処理などで不純物を取り除いていきます。その後、濃縮・殺菌・乾燥などの工程を経て固体状態になるのですが、まだ製品として完成はしていません。ゼラチンは、分子量の大きさなどによって物性や化学特性が違ってくるため、半製品の段階で検査を行い、スペックごとに分類・保管しておくのです。

あとは、生産計画に基づいて製品（商品）を完成させます。ゼラチンは用途ごとに仕様や品質が細かく定められており、ストックの中から最適なものを選び粉砕してから調合するのです。このような方式を確立したことで、多様なゼラチン製品を安定して出荷できるようになりました。

洋膠（工業用ゼラチン）についても基本的な製造方法は同じですが、粗製ゼラチンと呼ばれることでもわかるように、精製作業はそれほど細かくは行いません。また、原材料には製革工程の副産物が使われます。しかし、粘度やゼリー強度などの物性は揃えなければならないので、品質チェックが必要です。

要点BOX

- ●原料は牛・豚皮、カルシウムを抜いた骨
- ●ゼラチン抽出は温度を高めながら何度も行う
- ●複数のストックを調合して最終製品に

コラーゲンからゼラチンへ

コラーゲン

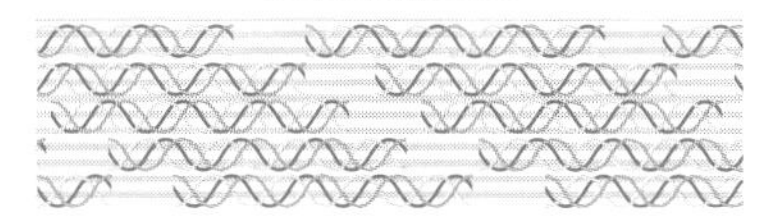

温水抽出　※タンパク質分解酵素を混ぜる場合もある

ゼラチン溶液

1本鎖の長鎖のペプチド
※加熱や酵素により途中で切れているものもある

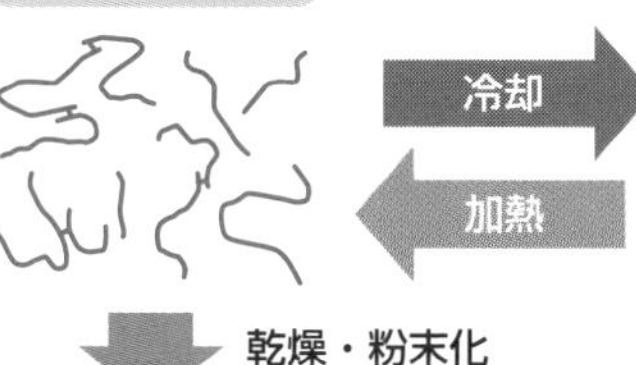

冷却

加熱

ゲル化したゼラチン

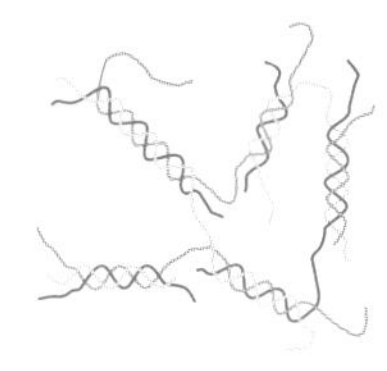

一部切断されていても冷却により部分的に3本鎖構造が再構築されてゲル化する

乾燥・粉末化

ゼラチン製品

膠・ゼラチンの製造方法

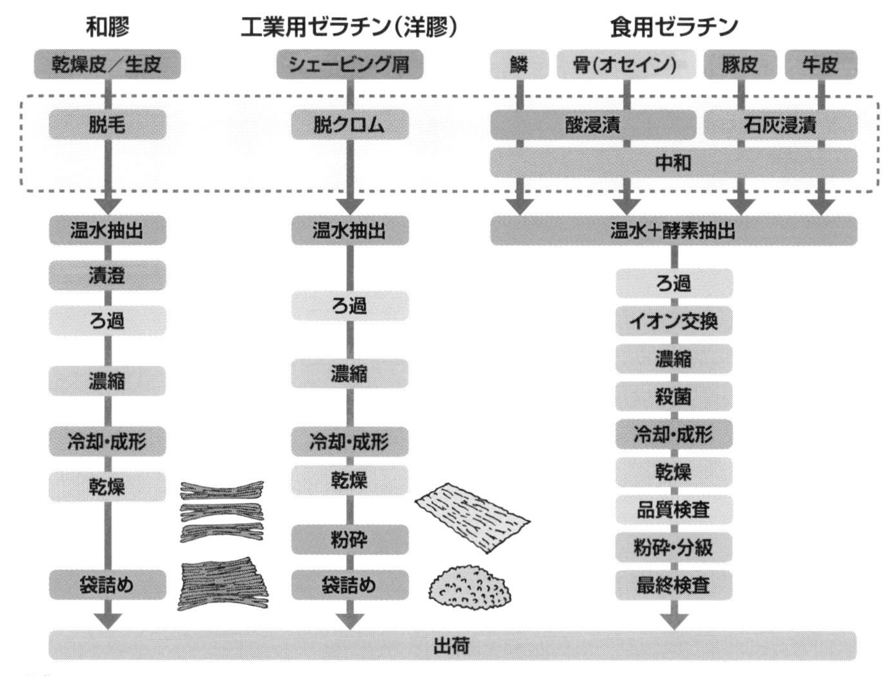

出典：https://www.nitta-gelatin.co.jp/ja/labo/gelatin/04.html

35 ミイラの棺もバイオリンも膠で接着

膠の強み

膠は長い間、最強の接着剤として重宝されてきました。古くは、紀元前3000年頃から始まる古代エジプト文明において、ミイラを納める棺に使われています。しかも、木材を接合するだけでなく、重ねた亜麻布やパピルスを、膠と漆喰で固めた合板も多くつくられました。加工がしやすい上に、貴重な木材を節約する目的もあったのでしょう。

中世ヨーロッパでは多くの楽器が発明されましたが、「膠がなければつくれない」のがバイオリンです。表板・側板・裏板を強力に接着して音漏れを防ぐためにも、弦の力が加わる指板をしっかりと固定するためにも、膠は欠かせませんでした。

直鎖タンパク質である膠は、木材の成分であるセルロース（直鎖多糖類）との相性が良く、強い接着力を生む要因になっています。また、温湿度の変化による木材の伸縮にも順応するので、バイオリンのように持ち運びする楽器には最適でした。

バイオリンの組立に膠を使う理由はもうひとつあります。膠（ゼラチン）は加熱すると溶解するので、バイオリンの接合部に蒸気を当てると分解でき、修理や部材の交換が容易だからです。実はバイオリンに限らず、木製楽器の多くに膠が使われています。学校などに置かれていたリードオルガンはそのひとつで、接着による組立の簡素化により安価に普及させることができました。

膠はモノとモノをくっつけるだけでなく、皮膜形成能にも優れています。この特徴を活かしたのが日本画に使われる岩絵具で、主に鉱石を粒子状にした絵具（顔料）を膠と混ぜ、紙の上に固着させるのです。膠は、液状のときには粒子を均質に分散させ、固まれば丈夫な被膜で絵具を守ります。昔の絵画の鮮やかな発色は、まさに膠の力なのです。

膠やゼラチンは近年の合成接着剤とは異なる利点を持つため、今後も使い続けられるでしょう。

要点BOX

- ●膠で固めた合板でミイラの棺を作成
- ●バイオリンの音色は膠で守られている
- ●日本画の美しさも膠だからこそ引き立つ

膠は古くから接着剤として使われてきた

リードオルガンも膠で接着されていた

昔は教会やどこの小学校にもあったリードオルガン（ペダルで空気を送り込んで鳴らすオルガン）は、膠で木を接着してつくられていた

用語解説

亜麻布（あまぬの）：アマという草の繊維を原料とした織物で、英語ではリネンと呼ばれる。麻織物全般をこう呼ぶこともある

漆喰（しっくい）：消石灰（水酸化カルシウム）を主成分にした建築材料で、接着や壁材などに用いられる

36 マッチ生産高が世界トップだった日本

マッチに使われた膠

今では使う人は少なくなってしまいましたが、少し前まで、火をつけるときにはマッチが欠かせませんでした。19世紀にマッチが登場するまで、火起こしの方法としては木の摩擦や火打ち石などの時間がかかるものしかなかったので、まさに歴史を変えた発明品だったのです。

初期のマッチは、非常に燃えやすい黄燐を頭薬（棒の先につける点火剤）に使用していたため、石や壁など、どこに擦りつけても火がついたのですが、その分、自然発火による事故も多く、20世紀になってからは赤燐に代わりました。そして、マッチ箱にヤスリ状の側薬が貼りつけられたスタイルになったのです。なお20世紀後半になると、赤燐は頭薬ではなく側薬の方に使われるようになり、より安全性が高まっています。

日本は早くから工業的にマッチを製造してきた国で、20世紀初頭にはスウェーデンや米国と並んで世界三大生産国になるほどでした。しかも、約8割が輸出用だった時代もあり、外貨を稼ぐ貴重な商品だったのです。

なぜ日本製マッチがそんなに売れたのかというと、第一には火山国であり、薬剤の主原料である硫黄を手に入れやすかった点が挙げられます。そしてもうひとつ、頭薬を固めるのに膠を使っており、生産および利用技術を伝統的に持っていたことも有利になりました。

ちなみに、マッチのメーカーは今でも兵庫県姫路市の周辺に多く所在しています。その理由は、この地域が日本最大の皮革産地で、昔から膠づくりが盛んだったからです。全盛期の1957年（昭和32年）にマッチをつくる企業は78社もあったとか。自動点火装置や安いライターの普及、喫煙者の減少でマッチの生産と消費は減少傾向にありますが、それでも国産マッチの80％は今も姫路周辺で生産され、膠産業の歴史は受け継がれているのです。

要点BOX
- ●20世紀初頭は主要な生産国だった日本
- ●強みのひとつが薬剤を固める膠の技術
- ●膠産地の姫路がマッチ産業の中心地

マッチと膠

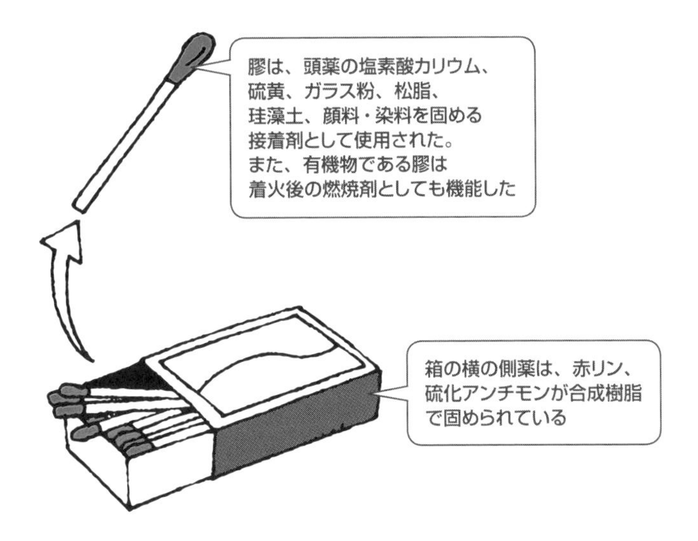

マッチの生産量と輸出量

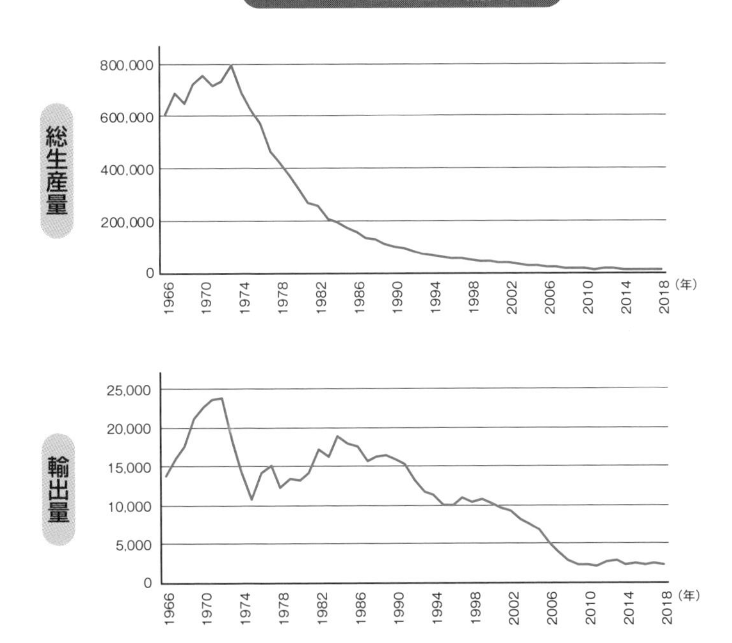

出典：姫路・西はりま 地場産業紹介「マッチ」 https://www.jibasan.or.jp/jibasan/matches/index.htmlの「マッチの生産量と輸出量」の表データをグラフ化

37 中国と日本の墨はかなり違う

膠による墨の日中比較

伝統的な書画材料である墨は、顔料としての煤(すす)を、分散剤兼接着剤である膠で固めたものです。起源は周代の中国(紀元前1046年頃〜紀元前256年)にまで遡り、漢代(紀元前206年〜220年)には墨丸と呼ばれる球状の製品がつくられていたそうですから、その段階で膠が使われていたようです。

日本では、720年に完成したとされる『日本書紀』に最初の記述が見られることから、それ以前に製法が伝来し、国内でも生産されていたと考えている人が多いようです(また、2世紀末の土器にも墨書きの跡が残されています)。

このように同じルーツを持つ墨ですが、日本製のものを和墨、中国製のものを唐墨と呼び分けていたことでもわかるように違いがあります。

和墨の特徴は、比較的粘度の高い膠を使うことです。油煙などから採った煤を混ぜてから木型に入れて成形し、乾燥、磨きという工程を経て完成させます。このため、四角いものが多いようです。

唐墨では、粘度の異なる複数の膠を混ぜて使います。煤を混ぜて墨玉という塊にしてから、蒸す、寝かす、蒸すという工程を繰り返し、最後に型に入れて成形するのです。そのとき、金槌で強く叩くので、かなり硬い仕上がりになります。

ちなみに煤と膠の配合比率は、和墨が10：6、唐墨が10：12ぐらいです。つまり、日本では粘りの強い膠を少量使って固め、中国では低粘度の膠を多く使うという違いになります。

この差は書き味にも大きく現れ、力強く黒々とした線を出しやすい和墨に対して、唐墨はやや薄く、グラデーションを活かした表現に向いていると言えるでしょう。

また使用する紙にもよりますが、和墨は唐墨に比べて滲む傾向があり、それに留意した使い方が必要です。

要点BOX

- ●周や漢代の中国で発明された墨が日本に
- ●和墨は粘度の高い膠で固め煤が多い
- ●唐墨は和墨に比べて煤の割合が少な目

墨での膠の機能

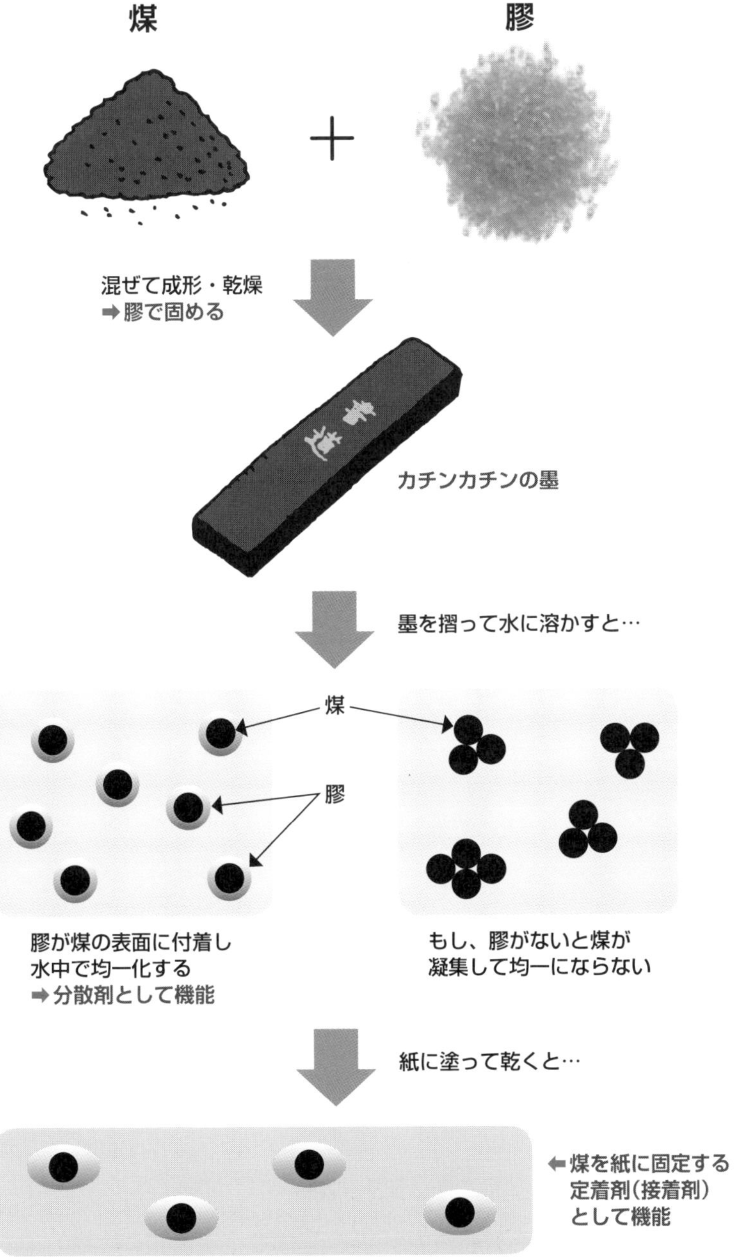

煤

膠

混ぜて成形・乾燥
➡膠で固める

カチンカチンの墨

墨を摺って水に溶かすと…

煤

膠

膠が煤の表面に付着し
水中で均一化する
➡分散剤として機能

もし、膠がないと煤が
凝集して均一にならない

紙に塗って乾くと…

⬅煤を紙に固定する
定着剤(接着剤)
として機能

38 写真フィルムにも使われているゼラチン

ゼラチンの性質を利用した膜形成

実用的な写真の歴史は、1839年に発明されたタゲレオタイプによって始まりました。光の反応性に優れた銀の化合物を感光剤に使うことで、露光時間を飛躍的に縮めたのです。この方式は近年まで変わらず、このため日本では銀塩写真と呼ばれてきました。

銀塩写真の感度や解像度を上げるには、乾板やフィルムの上に感光材を均質に塗布しなければなりません。当初はでんぷんのりや卵白などの溶剤が試されましたが、最終的に選ばれたのはゼラチンでした。ハロゲン化銀にゼラチンを加えて熱していくと、両者が結合して粒子をつくり、理想的な分散状態になるのです。さらに、乾燥・貯蔵・撮影・処理・画像保存という銀塩写真の多くの工程において、ゼラチンに勝る材料がなかったことから、今でも写真用フィルムにゼラチンは欠かせません。

日本では1904年から写真用乾板の製造が始まりましたが、高品位のゼラチンがつくれず、材料はすべて輸入に頼っていました。しかし1921年には国産化に成功し、その後、この分野の技術は飛躍的に進歩していきます。そして、第二次世界大戦後は写真用フィルムで高いシェアを誇るようになるのです。

写真用フィルムは、カラーであれば10以上の層を重ねてつくられます。したがって、ゼラチンに不純物が混じっていたり、曇りがあって透明性に欠けたりしていると、きれいな写真に仕上がりません。また、粘度やゼリー強度などの物性が整っていることも重要です。このようなことから写真用ゼラチンには厳しい国際規格が設けられ、基準をクリアしなければ製品として販売できませんでした。そして、その規格も日本のゼラチン工業会が主導して制定されたもので、この分野において圧倒的な技術力を誇っていたのです。

デジタル技術の進歩で銀塩写真は衰退しましたが、ゼラチンの性質を利用した膜形成技術は他分野にも応用されています。

要点BOX

- 感光材の固定にはゼラチンが最適
- 10層以上重ねるのでゼラチンの品質が重要
- 日本は高い技術を誇り、国際規格制定にも貢献

一般的なモノクロフィルムの構造

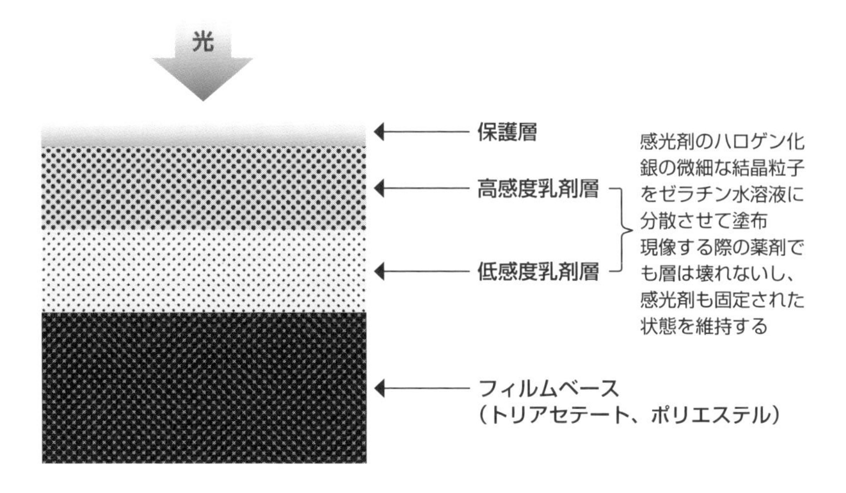

ゼラチンの性質を利用した写真フィルム製造

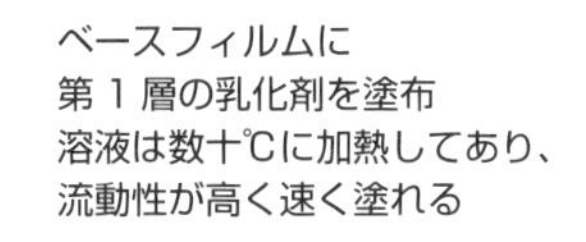

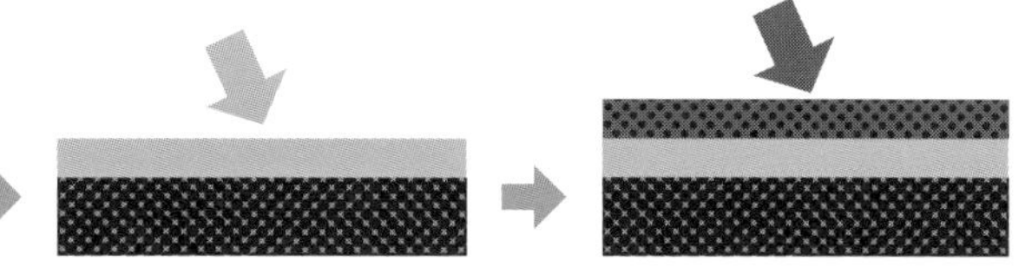

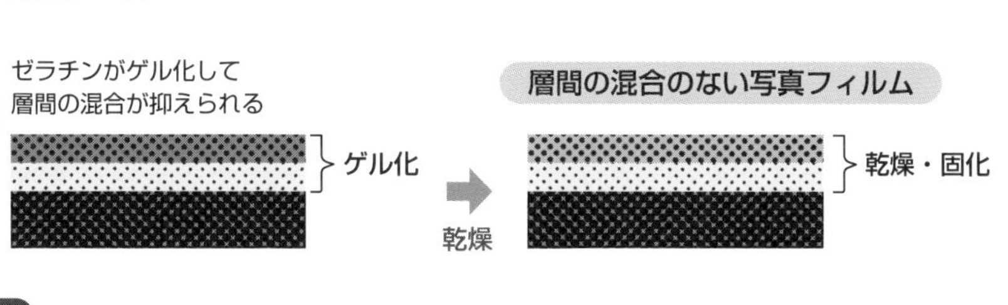

用語解説

感光剤：光によって反応する物質で、写真フィルム、印画紙、半導体製造用フォトレジストなどの感光材料に用いられる

ハロゲン化銀：臭化銀、ヨウ化銀など銀のハロゲン化物の総称。光を吸収すると銀イオンが還元され金属銀が出現するので感光剤に用いられる

39 伝統的な膠生産を継承する

日本で近代以降、伝統的につくられてきた膠に、「三千本膠」と「京上膠（きょうじょうにかわ）」があります。前の項で少し触れましたが、これらを製造していた姫路の会社が2010年に廃業してしまい、「このままでは日本画も制作できなくなってしまう…」と危惧する声が上がったのです。幸い、翌年から東京藝術大学美術館の関出館長が中心になって復元プロジェクトを進め、代替となる製品が供給できるようになりました。

三千本膠は約10gの棒状の形をしており、使用するときには砕いて水で膨潤後、湯煎で溶解します。牛1頭から3000本つくれたことから、この名前がついたという説もあります。

復元に当たっては、伝統的な製法で膠をつくるだけでなく、粘度やゼリー強度などの物性値を数値化することで、品質向上に努めました。

その結果、以前に比べて製品ごとのブレが少なくなり、「勘で濃度を決めないでよくなった」と評判は上々のようです。宇治平等院、日光東照宮、京都御所、薬師寺など全国の文化財の修復に使われているだけでなく、同じような膠の文化を持つ中国や台湾、韓国にも輸出され、評価は世界的なものになってきました。

一方、京上膠は主に製墨に使用されるもので、墨の滲み防止にも効果があるそうです。また、乾燥させたときに割れにくいという点も、墨の原料として適していました。

三千本膠の生産中止から復活までの経緯を踏まえて、より古典的な膠の製造方法の検証をはじめ、膠の性能の解析などについて情報共有や教育活動を行う膠文化研究会が発足し、知見の継承が行われています。「故きを温ね、新しきを知る」ということで、古典的な膠の製法について近年研究が進められているところです。このような研究会の今後の活動に期待したいですね。

要点BOX

- ●伝統的な三千本膠が製造中止に
- ●文化財修復に支障が出ることから復元が始まる
- ●品質が向上した新製品は世界的にも高評価

膠の違い

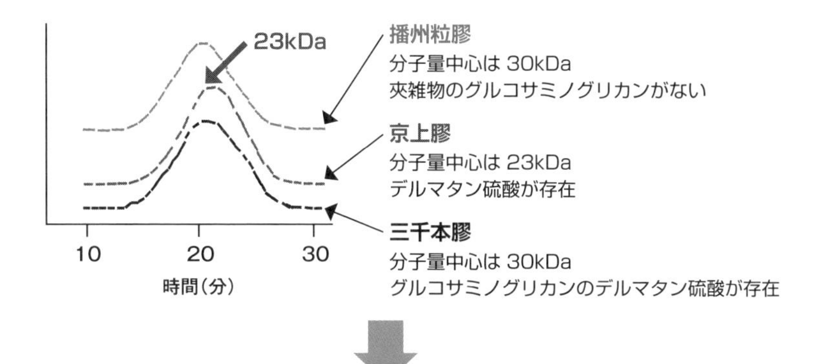

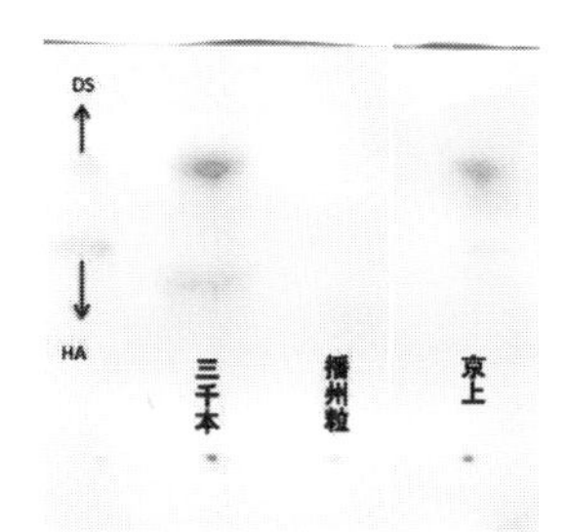

膠の分子量分布は洋膠、
和膠製品で似ることがあるが、
接着性などを重視する美術品
修復に関係する夾雑物
（グルコサミノグリカン）
などの量は異なる
これらはクロマトグラフィー
分析などで明確になる

出典：「コラーゲン 基礎から応用」（インプレスR&D）図17-1を改変

膠の例

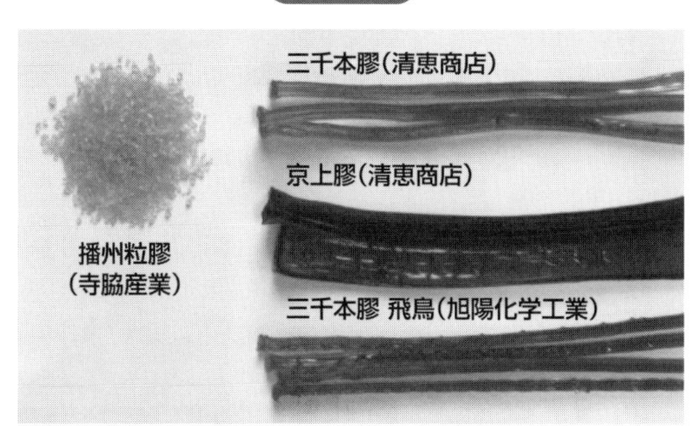

出典：「膠の基礎知識」（宇髙健太郎ほか、発行: 膠文化研究会）、図1を改変

用語解説

ゼリー強度：ブルーム値とも呼ばれ、ゲルまたはゼリーに変性した物体の機械的強度のこと。表面を押して凹ませたときの荷重で数値化する

Column

革製品はサスティナブル 畜肉副産物の有効活用

革製品は動物の皮を原料にしていることから、「あまり使わない方が命を無駄にしないのでは…」と考える人がたまにいます。しかし、これは完全に誤解です。

最も一般的なウシやブタの皮は、食肉の副産物として生産されるもので、世界的な肉食化の進行により供給される皮の量も増え続けています。このため、すべてが有効活用されているとは言えず、革製品になれずにそのまま廃棄されている皮も多いのです。

つまり、動物たちの命をできるだけ無駄にしないためにも皮・革製品を使うべきであり、革はプラスチックなどに比べてはるかにサスティナブルな素材と言っていいでしょう。

本文にも書いているように、皮は革製品として利用されるだけでなく、ゼラチンも生産できます。革を加工するときに出る削りくずなどもゼラチンの原料になるのですから、上手に利用すれば無駄もなくなります。

サスティナブルな革の特性をもっと活かして、より環境負荷の低い製品をつくろうという試みも始まりました。それは、加工時にクロムなど重金属系の工業薬品を用いず、自然界から抽出した植物のタンニンを使おうというものです。

こうしてできた「やさしい革（RUSSETY LEATHER）」は、地球にも人にもやさしい素材として注目され、今後は多くの製品に使われていくはずです。

また、日本皮革技術協会では、安全・安心な革製品を選ぶための基準として日本エコレザー基準（JES）を策定し、環境ラベルとしての「日本エコレザー」の認定を行っています。

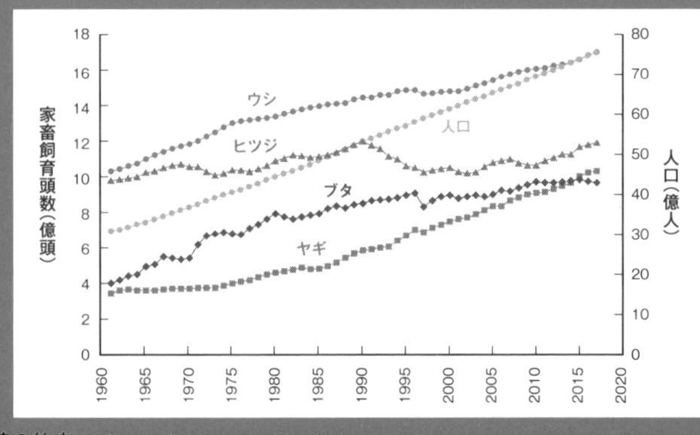

参考：やさしい革の約束　https://www.y-leather.jp/
出典：「コラーゲン 基礎から応用」（インプレスR&D） 図16-2

第 6 章

食べる・飲むコラーゲン

40 コラーゲンは食べても大丈夫？

食品としての安全性

「コラーゲン入りで健康にプラス！」
「美容にいいコラーゲンドリンクです」
最近では、こんな言葉でコラーゲンが入っていることをアピールしている食品や飲料がたくさんあります。しかし、そもそもコラーゲンは口にしても大丈夫なのでしょうか？

肉や魚にはコラーゲンが多量に含まれていることからわかるように、コラーゲンは食べ物に含まれる基本的なタンパク質のひとつです。さらに、煮て残ったスープにもコラーゲンの熱変性物であるゼラチンが大量に含まれており、それも貴重な栄養源でした。つまり、人類はかなり早い時期からコラーゲンを食べ続けてきたし、しかも、おいしいと感じるものにたくさん入っていたのでしょうね。

一方、動物のコラーゲンからつくられる食用ゼラチンは、ヨーロッパでは1700年頃から工業的に生産されていました。特にフランスで好まれ、ヴェルサイユ宮殿で供された料理にも多用された結果、パテやムース、ババロア、ゼリーなど特徴あるメニューが発達してきたのです。

長く食べてきた歴史からもわかるように、コラーゲンやゼラチンには毒性はなく、食品添加物として利用してもまったく問題がありません。この分野で最も厳しい米国食品医薬品局（FDA）でも、安全なGRASであることが認められているほどです。

GRASとは「Generally Recognized As Safe（一般に安全と認められている）」の略で、一定の使用目的における安全性が、その分野の専門家の知見や経験により証明されたことを示しています。

現在、FDAでGRASとして安全性が認められている成分は200種類ほどで、その多くは炭水化物、脂質、タンパク質などの基本的な栄養分です。これらを考えると、コラーゲンの安全性はお墨付きと言えるでしょう。

要点BOX
- 天然のコラーゲンは昔から食べられてきた
- 食品添加物として300年超の歴史があるゼラチン
- 最も安全な食品のひとつに認定されている

コラーゲン摂取の長い歴史

FAO/WHOによる食品添加物としてのゼラチンの評価

類制A(1)： 許容1日摂取量が設定されたもの、もしくはその設定が毒性学上必要ないもの
ADI特定せず： "ADI"(Acceptable Daily Intake)は許容1日摂取量を示し、"特定せず"は製造品質管理規定に則って使用する場合、1日摂取全量による健康危害なしと判断され、ADI値の設定が不必要であることを意味する

用語解説

食品添加物：化学的に合成した着色料や保存料ばかりをイメージしがちだが、豆腐を固めるにがりや、ラーメンに欠かせない鹹水(かんすい)など古くから使われているものも含まれる

米国食品医薬品局：FDA(Food and Drug Administration)の名で知られ、食品や医薬品だけでなく化粧品、医療機器、たばこ、玩具など消費者が日常生活で使う多くの製品に対して販売許可や違反品の取り締まりを行う

41 栄養素としてのコラーゲン

コラーゲンのアミノ酸スコアはゼロ

コラーゲンはタンパク質ですから、口から摂取すると胃の中で胃酸とペプシンによって分解されます。なお、ペプシンはもともと体内では不活性型のペプシノーゲンとして存在し、胃壁から分泌された後に胃酸と反応してできます。

28項で紹介したようにタンパク質分解酵素のペプシンは、大きなタンパク質の分子を鎖の途中を切るように少しずつ小さくしていきます。その後、十二指腸に送られ、膵臓から出る膵液と混じって中和され、同時にトリプシン、キモトリプシン、ペプチダーゼ類などの中性の条件下で働く強力なタンパク質分解酵素により、腸に届く段階ではアミノ酸や低分子のペプチドに分解されます。そして、小腸上皮粘膜から吸収されるのです。

アミノ酸と言えば、よく聞くのが必須アミノ酸という言葉でしょう。体内で合成できない9種類のアミノ酸のことで、必須で重要な栄養素であることから、これらがタンパク質に含まれる量をアミノ酸スコアとして評価するようになりました。

コラーゲンは必須アミノ酸であるトリプトファンをほとんど含まない上にメチオニンも少ないため、アミノ酸スコアはなんとゼロ！　完全タンパク質であるミルクタンパク質のカゼインには完敗です。

だからと言って、コラーゲンの栄養的な価値がゼロというわけではありません。足りないアミノ酸を補えばアミノ酸スコアを改善させることはできますし、他のタンパク質と一緒に食べることでこの欠点を補うことができます。そして、コラーゲンはアミノ酸スコア以外にも、食品として有用な性質をたくさん持っています。

コラーゲンやゼラチン、コラーゲン加水分解物は、一部の必須アミノ酸が欠如していることから栄養価が高いとは言えませんが、以降に紹介するいろいろな面で有用なタンパク質なのです。

要点BOX

- ●コラーゲンは胃腸で分解されて吸収される
- ●一部の必須アミノ酸が不足している
- ●機能性に優れたところが利用される

ミルクタンパクのカゼインとゼラチンのアミノ酸組成とアミノ酸スコア

カゼイン

種類	mg
イソロイシン(必須アミノ酸)	6000
ロイシン(必須アミノ酸)	10000
リジン(必須アミノ酸)	8700
メチオニン(必須アミノ酸)	3200
システイン	530
フェニルアラニン(必須アミノ酸)	5600
チロシン	6100
トレオニン(必須アミノ酸)	4500
トリプトファン(必須アミノ酸)	1400
バリン(必須アミノ酸)	7400
ヒスチジン(必須アミノ酸)	3300
アルギニン	4000
アラニン	3300
アスパラギン酸	7700
グルタミン酸	24000
グリシン	2000
プロリン	12000
セリン	5700
ヒドロキシプロリン	0
アミノ酸スコア	100

ゼラチン

種類	mg
イソロイシン(必須アミノ酸)	1200
ロイシン(必須アミノ酸)	2900
リジン(必須アミノ酸)	3600
メチオニン(必須アミノ酸)	820 少ない
システイン	17
フェニルアラニン(必須アミノ酸)	2000
チロシン	270
トレオニン(必須アミノ酸)	1800
トリプトファン(必須アミノ酸)	7.6 少ない
バリン(必須アミノ酸)	2600
ヒスチジン(必須アミノ酸)	670
アルギニン	7900
アラニン	9300
アスパラギン酸	5500
グルタミン酸	10000
グリシン	24000
プロリン	13000
セリン	3100
ヒドロキシプロリン	12000 ゼラチン(コラーゲン)に特異的に存在
アミノ酸スコア	0

出典:日本食品標準成分表2015年版(七訂)　アミノ酸成分表カゼイン、家庭用ゼラチン(豚)のアミノ酸組成(100g当たり)

各食品のアミノ酸スコア

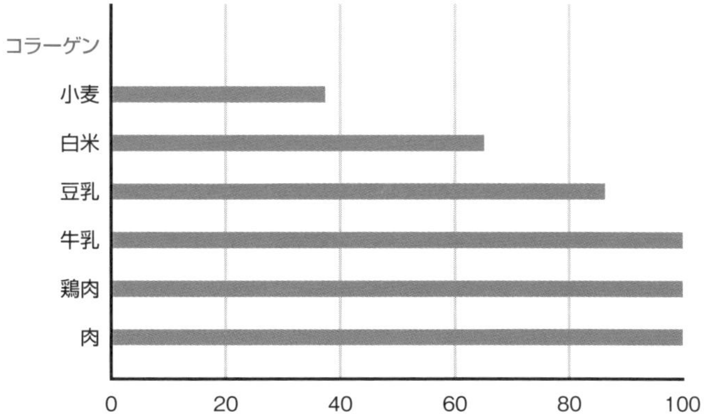

用語解説

アミノ酸スコア:アミノ酸スコアは必須アミノ酸の含有比率のことで、含有量ではないので注意したい。たとえば、ミルクタンパク質を含む牛乳を水でどんどん薄めても、アミノ酸スコアはずっと100点のままとなる

42 食品の機能向上に欠かせないゼラチン

食品材料としてのコラーゲン

コラーゲンの分解物であるゼラチンは、食品産業の幅広い分野で使われています。その理由は、ゼリーのように固めるだけでなく、分子の大きさによる物性の違いを活かして多様な機能を提供できるからです。また、精製度の高いゼラチンは無味のため、どんな食材と混合しても味への影響がほとんどありません。

高分子のゼラチンはゲル化しやすく、お菓子のグミやマシュマロなど歯ごたえを感じられる食品に用いられます。生菓子のゼリーやムース、ババロアなどに使われるゼラチンはもう少し分子が小さく、そのためプルンとした柔らかさを生むのです。低分子のゼラチンは低温でも溶解し、沈殿しにくいという特徴を活かして、食品や飲料に使われます。機能性食品などに入れられていることが多いのもこのタイプです。

ところで、粘りを与えるゲル化剤には、ゼラチンの他にも海藻由来の寒天、アガー（カラギーナン）やアルギン酸、植物由来のコンニャク（マンナン）などがあります。これらはどう違うのでしょう。大きな違いは、一度固まった後に再度溶解する温度が異なることです。ゼラチンは25℃なので体温で溶けますが、アガーや寒天の再溶解温度は60～70℃で体温では溶けません。

このような違いから、ゼラチンでつくったゼリーは口溶けが良く、滑らかに感じます。そんな特性を活かしたのが後述する嚥下障害者向けの介護食で、吸いやすいだけでなく、口の中で自然に溶けるため、喉に詰まる心配が少なくて済みます。また、料理の「後を引くおいしさ」は、ゼラチンによる効果が大きいと言われています。これも、食品産業でゼラチンが多用される理由のひとつかもしれません。

ゼラチンを混ぜることによって他の成分を分散させたり、水分保持能力を上げたりすることもできます。また安価なことから増量剤として使う例もあります。コラーゲンやゼラチンは多くの性質を持っていますが、その性質を活かした使われ方をしています。

要点BOX
- ●分子の大きさで使い分けが可能
- ●低分子のゼラチンは低温でも溶解する
- ●柔らかく口溶けがいいので喉に詰まらない

コラーゲン・ゼラチンの多様な性質

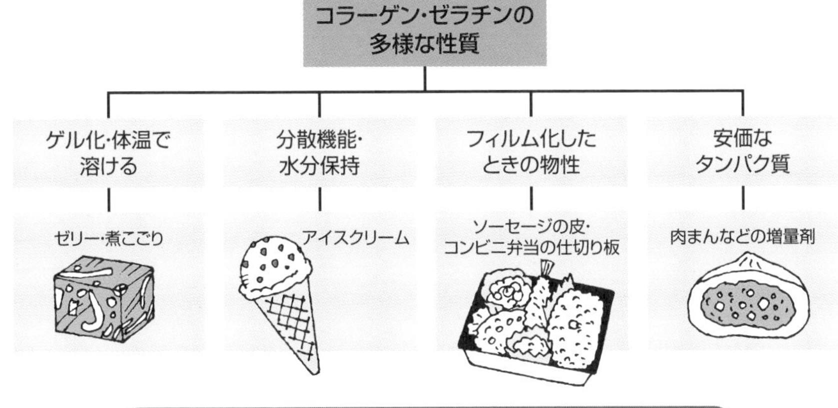

ゼラチンゼリー、アガー・寒天ゼリーを口に入れると

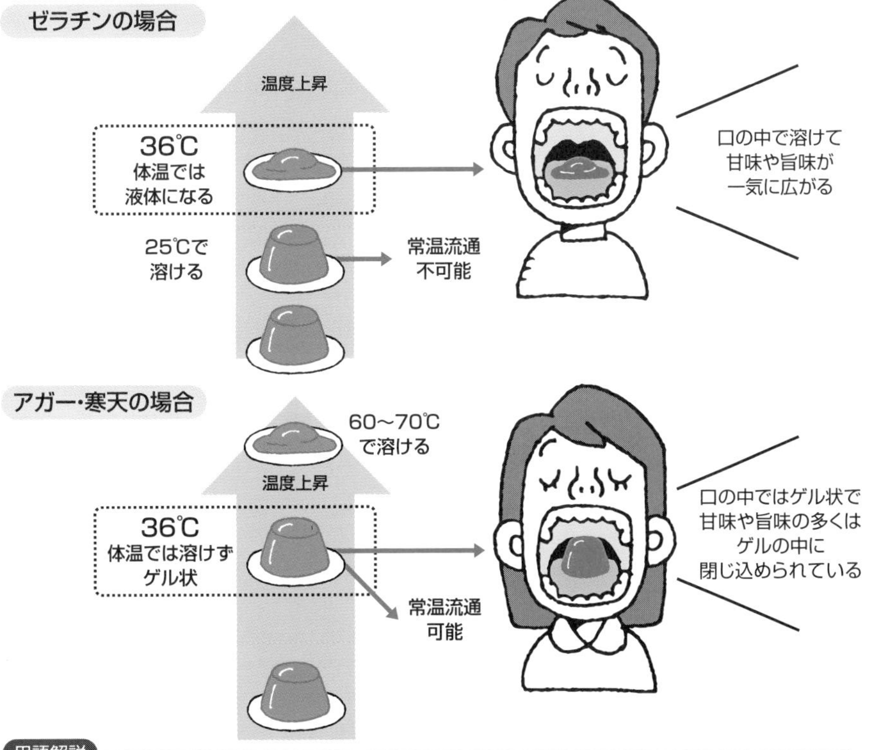

用語解説

ゲル化：粘りがあっても液体状のものをゾル、固体状のものをゲルと呼ぶ。ゾル状態からゲル状態への転移をゲル化と言う

43 食べるコラーゲンは何からつくられる？

食用コラーゲンの原料

食用ゼラチンは、大きく分けると家畜系と水産系の2種類です。

家畜系ゼラチンの原料になるのは動物の骨や皮で、用途により使い分けられます。

たとえば、34項で説明したオセインから抽出したゼラチンは分子量が大きくて粘度が高く、薬事法で規定されていることからも、食品というよりは医薬品用カプセルに利用されることが多いようです。ソーセージのケーシングはコラーゲンの持つ線維性を利用するため、加齢したウシ皮を使用します。また、狂牛病が発生して以来、ブタ皮由来のコラーゲン加水分解物が機能性食品に多く利用されています。

なお、イスラム教ではブタを食べることはタブーで、その皮は使えません。このため、ウシまたは魚皮由来と明記したハラールゼラチンを生産しているメーカーもあります。社会の多様化により最近は国内でも販売しているので、興味があったら使い分けてみてください。

水産系ゼラチンの原料は、魚の皮や軟骨、鱗、浮袋などです。このため、冷凍フィレ（切り身）として世界的に流通しているテラピアやナマズ、カレイ、タラなどの皮や鱗が利用されています。

品質が重要になる食用ゼラチンだけに、膠のような小規模の家内制手工業で製造している例はほとんどなく、メーカーは一度に10t以上の大量生産が行える大手に限られます。そうすることにより均質な製品を安価に生産できますから、消費者も安心して使うことが可能になるのですね。

たくさんのゼラチンを生産できれば分子量の調整も容易になり、溶液の濁度を見ながら抽出の度合いを調整して目標通りの粘度を実現できます。

さらに、無味無臭であることが絶対的な条件となるため、イオン交換樹脂で精製することも多いようです。

要点BOX
- ●原料により家畜系と水産系に分けられる
- ●ブタ皮が主流もイスラム圏ではウシや魚皮を利用
- ●品質とコスト面に強い大手メーカーが有利

食用ゼラチンの材料・性質・用途

原材料	食品に利用される性質	用途
ウシ骨	高分子・高粘度 原料が安い	薬用カプセル 狂牛病後、食品利用衰退
ウシ皮	老化したものは解繊（一部解けた）したコラーゲン線維	老化皮膚をソーセージのケーシングに利用
ブタ骨	加熱溶解しやすい	スープ原料として利用し、とろみ（粘性）をつける
ブタ皮	低分子で扱いやすく精製しやすい、低温でゲル化しない	機能性食品（サプリメント）の原料
魚類	低温溶解する、ゲル化しない、ハラル対応	機能性食品（サプリメント）の原料

コラーゲン原料の動向

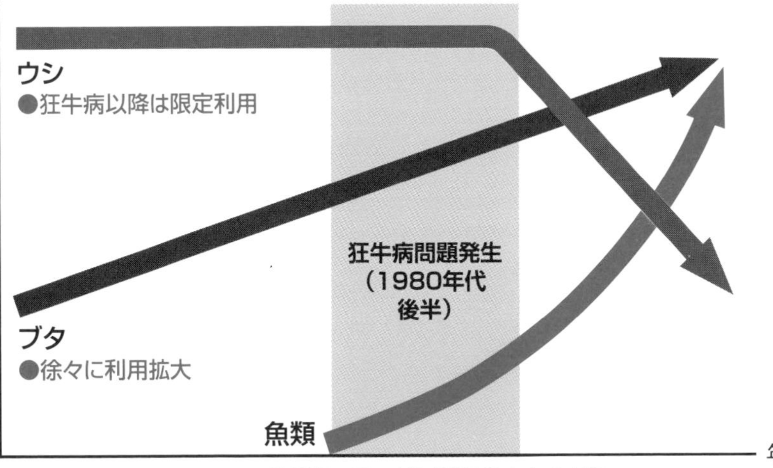

用語解説

イオン交換樹脂：溶液中のタンパク質とそれ以外の分子を、電荷の違いに基づいて分離する装置

44 みんな飲んでいるコラーゲンドリンク

入っているのはコラーゲン加水分解物

コラーゲンドリンクでネット検索すると、たくさんの製品が見つかり、それだけ多くの人に飲まれている証拠と言えます。これらは「機能性表示食品」として登録（届出）されているものですが、その効用はどのようなものなのでしょうか？

あるメーカーの製品紹介には、次のように書かれています。

○コラーゲンペプチド、10000mg含有
○肌の保湿力を高め、水分量がアップします
○膝関節の活動制限が減少します
○骨をつくる働きをサポートします

多くのコラーゲンを含むことで、これらの「機能」が期待できるのです。また、ゼリータイプのコラーゲン入り機能性表示食品もあり、成分は同様です。

コラーゲン入りのドリンクが生まれてきたのは、酵素で分解したコラーゲン加水分解物（コラーゲンペプチド）が大量生産できるようになったからです。アミノ酸が数十個つながったペプチドは、分子量で言えばゼラチンの10分の1から100分の1程度であり、水にも簡単に溶けます。つまり厳密に言うと、三重らせん構造を持った本来の「コラーゲン」ではなく、コラーゲンが細かく分解されたペプチドが入ったものです。このため低温にしてもゲル化しにくく、手軽に飲めるドリンクには最適なのです。

機能性表示食品として登録され、期待されている機能としては肌水分量や、しわの改善、関節の動きの改善などが示されています。ただし機能性表示食品は医薬品ではなく、あくまでも「食品」ですから期待される機能という位置づけです。

コラーゲンを摂取した場合の体内の変化については まだ研究途上で、すべてがわかっているわけではありません。しかし、さまざまな種類の機能性表示食品が開発されており、大きな市場を占めるようになっているのは確かでしょう。

要点BOX

●コラーゲン飲料は多数製品化され愛用者も多い
●皮膚の水分量をアップする美肌効果に期待
●膝関節の動きの向上や骨形成への効果も

コラーゲンドリンクとは

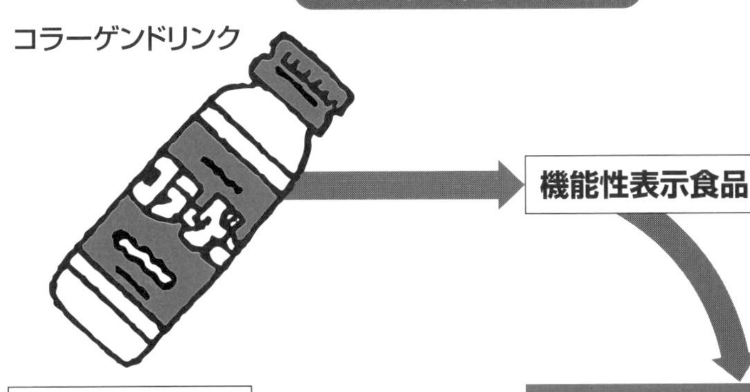

コラーゲンドリンクでは肌、膝関節、骨への効果を表記している商品が多い

「機能性表示食品」は、**事業者の責任で、科学的根拠を基に商品パッケージに機能性を表示するもの**として、消費者庁に届け出られた食品

コラーゲンドリンクの市場規模(世界)

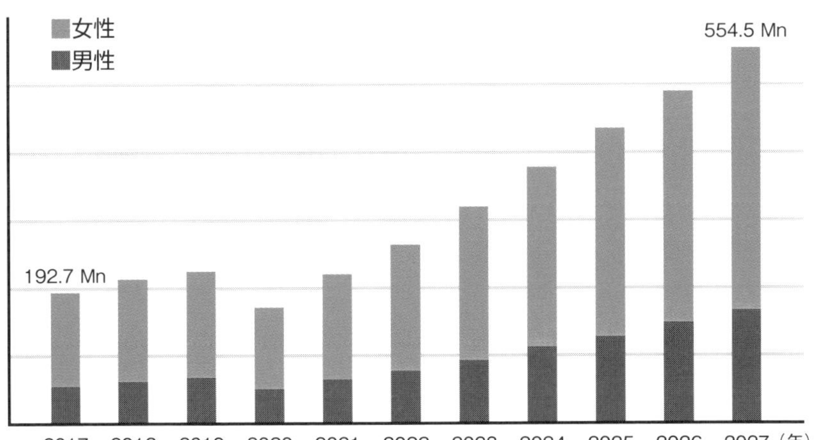

※2027年の市場規模は5億5,450万ドル

出典:㈱グローバルインフォメーション、2022年2月16日付PRTIMES「コラーゲン飲料の市場規模」

45 高級フランス料理にもなる「煮こごり」

料理への応用

コラーゲンについて詳しく知られる以前から、魚や畜肉類を調理するときには、冷めると固まるゼラチンの性質を活かしたメニューがたくさんありました。日本の「煮こごり」はその代表で、フグやヒラメ、エイなどの皮と身を煮込んで固めた料理が古くからつくられています。

フランスのアスピックも似たような料理です。もともとは、肉や魚の煮汁(ブイヨン)を自然にゼリー状にしたものでしたが、今のレシピではゼラチンを加えて硬さを調整します。

透明で澄んだスープを冷やし、トロリとさせた冷製コンソメは、フランスでは料理人の腕が試されるメニューだとされています。アクを完全に取り除くだけでも難しいのに加え、鶏足などゼラチン質の出やすい材料を適宜加え、最適な粘度にしなければならないからです。

オードブルで出されることが多いテリーヌやパテも、形を保つためにゼラチンを加えます。もともとは保存食として発達したもので、大量の脂肪とゼラチンにより全体を固めることで、具材が空気と接することを防ぐ目的だったそうです。

ペースト状のパテやリエットも、今のレシピではゼラチンを少量入れて硬さを調整します。ちなみに、パテとは「焼く」という意味で、昔はミートパイのような料理を指していたようですが、その後、肉などをペースト状にしたものもこう呼ばれるようになりました(レバーパテなど)。ただし、厳密にはオーブンで長時間焼いて柔らかくしたのがパテで、煮込んでペースト状にしたものはリエットと分けることもあります。

ゼラチンの料理への応用として、介護食についても触れておきましょう。高齢化や病気などにより飲み込むことが困難になる嚥下障害への対策として、適度な粘度を持ったゼラチン食が有効だとわかり、さまざまなメニューが開発されています。

要点BOX
- 煮こごりのような料理は各国にある
- フランスではテリーヌやパテなどに多用
- 嚥下障害でも飲み込みやすいゼラチン食

ゼラチン食品

煮こごり

テリーヌ

冷製コンソメ

ゼラチンの
ゲル化する機能を
利用した食品

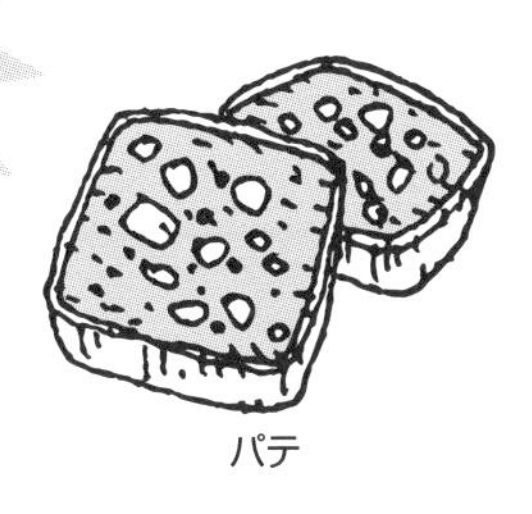

パテ

介護食

ゼラチンの機能と効果

料理	目的	効果
煮こごり・アスピック・冷製コンソメ	旨味を閉じ込める	口の中で溶けて旨味を一気に放出
テリーヌ・パテ	旨味を閉じ込める／脂とゼラチンで固めて空気に触れさせない	保存性を良くする
介護食	食べたときに細かい固体にならない・流動性が高い	飲み込みやすく、気管に入りにくくなり誤嚥を防ぐ

用語解説

嚥下障害（えんげしょうがい）：口の中の食べ物をうまく飲み込めなくなる状態のことで、炎症などによる食道の閉塞や加齢による筋力の低下が主な原因だが、心理的要因による食欲の低下が引き起こすこともある

46 ゼラチン菓子はゼリーだけじゃない

製菓に欠かせないゼラチン

ゼラチンを使ったデザートとしてはゼリーが代表的ですが、他にもさまざまなお菓子に利用されています。日本では海藻由来の多糖類である寒天やアガー、アルギン酸などが製菓用として普及していますが、用途の広さではゼラチンにかないません。たとえば、アイスクリームやシャーベットなどの冷菓にゼラチンが入っていることを、知らない人は多いのではないでしょうか。

アイスクリームは牛乳、卵黄、生クリーム、砂糖などを混合して冷やし固めたもので、すぐ食べるのであれば、材料はこれらにフレーバーだけで済みます。しかし、氷点下で長く保存していると氷の結晶が徐々に成長し、食感を大きく損なってしまうのです。そこで市販のアイスクリームでは、安定剤として全体の0.5%ほどゼラチンを加えることにより、水分、脂質、糖質のバランスを保つようにさせます。量産品の冷菓では、安価で工程も簡略化できる増粘多糖類を安定剤に用いることもありますが、ゼラチンの方が滑らかさを保てるため、高級アイスクリームではいまだに主流です。ゼラチンを加えると、室温でもアイスクリームが溶けにくくなるという効果に加え、アイスクリームへの空気の混入量を高める効果もあります。このため、柔らかいソフトクリームにも欠かせません。

子供たちの咬合力を高めるのに効果があるグミキャンディも、煮詰めた糖液にゼラチン溶液や果汁、酸味料を混ぜることでつくられます。また、糖液を泡立ててから固化するのがマシュマロです。これらは水分含量が低いことなどで、常温でもゲル状です。

アイスクリームからゼリー、グミまで、幅広い温度で食べられるお菓子にゼラチンが使われるのは、製造技術の進歩により分子量の調整ができるようになったからです。低分子のゼラチンであれば、湯煎しなくても常温の水に簡単に溶け、冷菓にも利用しやすくなりました。これからも、多様な仕様のゼラチンがお菓子をおいしくしていくはずです。

要点BOX

- ●アイスクリームの滑らかさを保つゼラチン
- ●ソフトクリームを溶けにくくする
- ●低分子化の成功で用途が拡大した

アイスクリームの内部構造

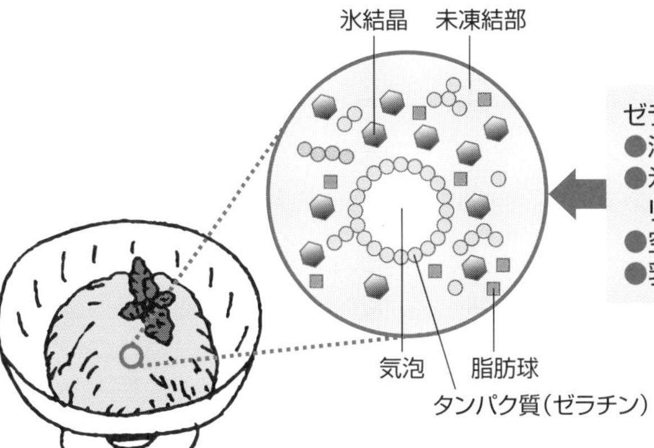

ゼラチンを入れることによって
- ●溶けにくくする
- ●氷結晶の成長を抑えてシャリシャリを抑える
- ●空気の混入量を上げる
- ●乳化剤としても機能する

アイスクリーム内の氷結晶

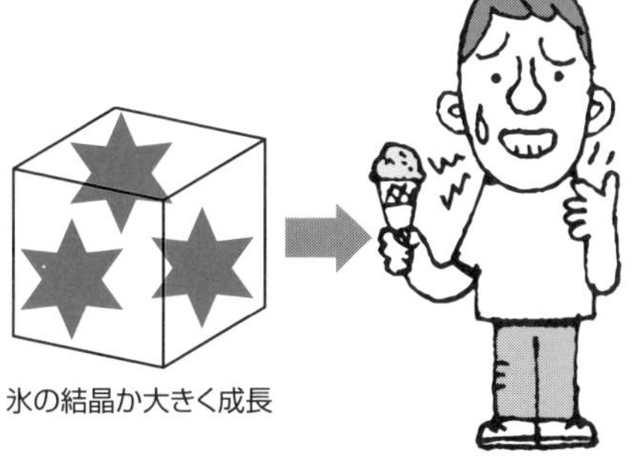

氷の結晶か大きく成長

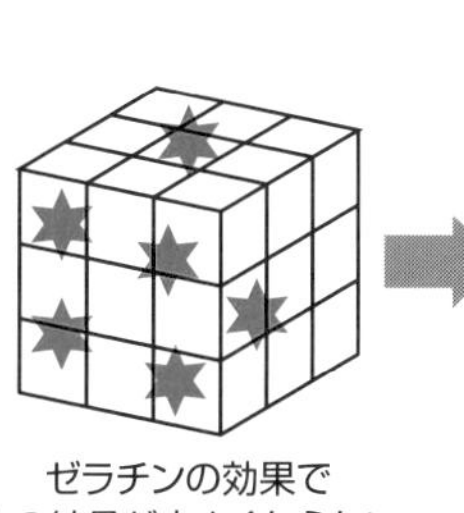

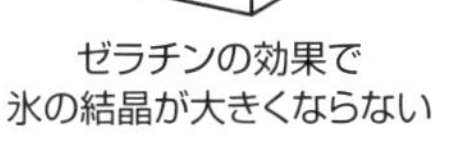

ゼラチンの効果で
氷の結晶が大きくならない

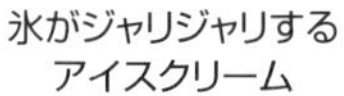

氷がジャリジャリする
アイスクリーム

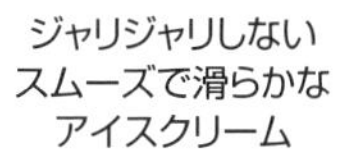

ジャリジャリしない
スムーズで滑らかな
アイスクリーム

アイスクリーム材料と製法

●材料	●製造工程	
牛乳……………………58%	①材料混合	
クリーム（40%）……14%	②加熱殺菌	⑥香料添加
脱脂練乳………………22%	③冷却	⑦フリージング
砂糖……………………5.5%	④均質化	⑧充填
安定剤…………………0.5%（ゼラチン）	⑤エージング	⑨ハードニング

出典：「コラーゲン 基礎から応用」（インプレスR&D）第19章 表19-2を一部改変

用語解説

氷の結晶が徐々に成長：冷凍された食品内部の水分は氷の粒になっており、マイナス18℃より高い温度になると周囲の水分を集めて大きくなる

増粘多糖類：ペクチン、カラギーナン、キサンタンガムなどの高い粘性を持つ多糖類のことで、歯ごたえや舌触り、喉ごしなどの微妙な食感を調節したり、とろみをつけたりするのに使われる

47 肉まんやハンバーグ、コンビニ弁当にも利用

精製度の低いコラーゲンから多種多様なゼラチンまで

ゼリーなど菓子類に使われるゼラチンは純度の高い無色無臭のものですが、精製度がそこまで高くない生ゼラチンや粗ゼラチンと呼ばれる製品も、食品業界の広い領域で活用されています。特に食肉加工の分野では欠かせません。たとえば肉まんやシューマイ、餃子、ハンバーグ、ソーセージなどの挽肉を練ってつくる料理では、適度な粘度を与える固め剤として使われています。そうすることで成形がしやすくなるだけでなく、冷めにくく、たとえ冷めても肉汁を逃がしません。さらに、保水剤や接着剤としての効果も発揮するほか、タンパク質の増量剤としての役目も果たすのです。

生ゼラチンや粗ゼラチンには、細かくすりつぶされたエマルジョン状のものから、主成分が非変性コラーゲンのもの、動物の生皮を加熱処理したままの脂肪分が分離したような粗いものまであり、用途ごとに使い分けられています。生のままでは保管・輸送・衛生上の問題があるため、最近では殺菌・乾燥・粉末化された製品が多くなってきました。

この分野のトピックスとして、大手のゼラチンメーカーが開発したコンビニ食品用の製品があります。汁気の多い弁当のおかずやパスタソース、丼物のだしなどに最適な粘度を与えるように、硬さや溶ける温度が異なるゼラチンを200種類以上用意し、運搬時に中身が崩れないようにすることもできます。もちろんゼラチンですから、電子レンジで温めれば普通のおかずに戻りますし、ソースであればパスタ全体に広がります。

この製品が革新的だったのは、とんこつスープ用には豚のゼラチンを、和風だしには魚のゼラチンをと、料理に合わせて原料まで最適化した点です。その結果、食品のクオリティーを上げることにもなり、「コンビニ弁当に革命を起こしたゼラチン」として大きく報道されました。

要点BOX
- ●精製度の低いゼラチンが食肉加工で活躍
- ●挽肉の粘度を高め、肉汁を逃がさない
- ●コンビニ弁当に革命を起こしたゼラチン

粗ゼラチンを利用すると

粗ゼラチンを使わない普通の肉まん

ゲル化が弱いので汁が生地に染み込みやすい

加熱

粗ゼラチンを使った肉まん

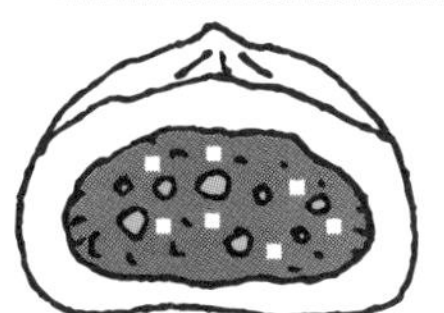

ゲル化が強いので汁が生地に染み込みにくい

加熱

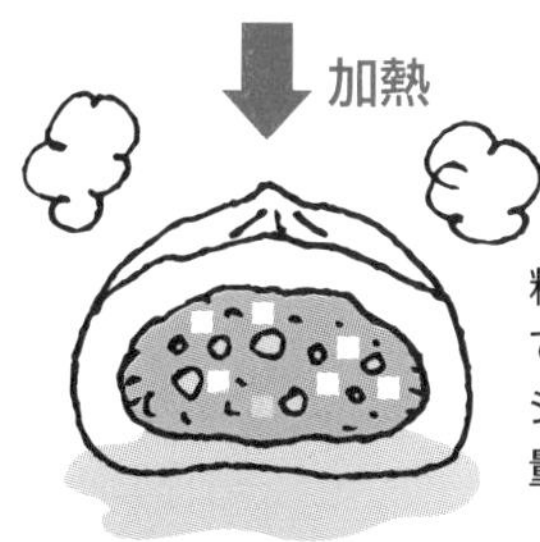

粗ゼラチンが溶けてトロトロ·ジューシーになるし具の量も多い

コンビニ弁当でのゼラチン利用

ゼラチンでゲル化しているので運送時に流れないし他と混ざらない

レンチンするとゼラチンが溶けて

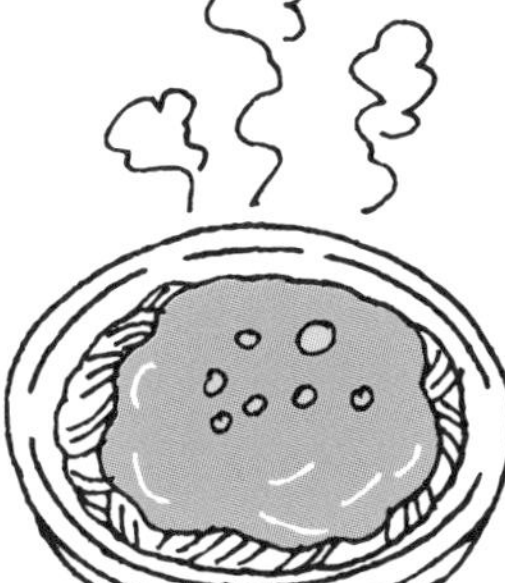

食べるときにはトロトロのソースに変身

用語解説

エマルジョン：水と油のような、本来なら混じらない液体が分散しながら合わさったもので、マヨネーズや木工用接着剤、乳液などが相当する。エマルションとも言う

非変性コラーゲン：熱を加えずに抽出したコラーゲンで、体内に入ってもコラーゲンとして認識される

48 ソーセージの皮から弁当の仕切り板まで

食品の補助をするコラーゲン

ソーセージの魅力のひとつに、噛み切ったときのプリッとした食感があると思います。これはミンチされた肉を包む皮＝ケーシングによるもので、ヒツジやブタ、ウシなどの小腸が使われてきたことから、ソーセージのことを腸詰めと呼ぶことがあります。

ヒツジの腸はⅠ型とⅢ型のコラーゲンでできているので、あの感触はまさにコラーゲン線維によるものなのですが、問題なのは1匹から獲れる小腸の長さが30mほどしかないことです。10cmのソーセージなら300本程度しかつくれず、大量生産には向きません。また、天然ケーシングは厚さや太さ、形、硬さなどにバラツキがあるため、均質な製品にならないのです。

そこで、コラーゲンをフィルム化した人工ケーシング(コラーゲンケーシング)が開発されました。ウシ皮などの動物性タンパク質を原料としているので食べても大丈夫ですし、柔らかさを調整できるので、食べたときの口残りがありません(動物の腸は丈夫なためかなり残ります)。

さらに、製造されたソーセージは曲がりのない真っ直ぐなものになるため、ホットドッグや総菜パンなどに使いやすいというメリットもあります。なおケーシング用のウシ皮は、加齢した線維性の強いものの方が原料として向いているそうです。

同じような発想で生まれたのが、ゼラチンによる可食性フィルムです。市販の弁当などでは、おかずを仕切るのにプラスチックフィルムが使われてきましたが、食べるときに取り除かなければならず、高齢者によっては誤食してしまう危険性もありました。もちろん、使用後はゴミになり、土壌や海洋汚染の原因にもなりかねません。

この点、ゼラチンフィルムであれば食べられる上に、ゴミになったとしても自然界で分解されます。ゼラチンの分子量などを調整することで溶解しやすいフィルムにもでき、機能面でも優れているのです。

要点BOX

- ●ソーセージの皮用のコラーゲンフィルム
- ●動物の腸より均質で安定生産が可能
- ●弁当の仕切りに可食性ゼラチンフィルム

ケーシングによるソーセージの違い

コラーゲンケーシング

コラーゲンケーシングを使用した
ツルツルで真っ直ぐなソーセージ

天然羊腸

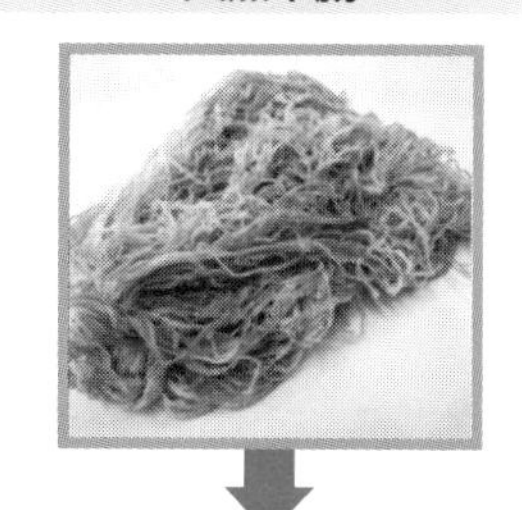

天然羊腸を使った長くウネウネした
ソーセージ

コラーゲン・ゼラチンを利用した包装、仕切り材

名称	材料	性質	用途・その他
コラーゲンケーシング	ウシの皮（加齢した線維性の高い皮）	●非水溶性 ●製造時に成形性が高い ●肉詰めしたときの形状保持性が高い ●食べたときの適度な切断属性	ソーセージの皮 廃棄していたウシ皮の有効利用
ゼラチンフィルム	ウシの皮など	●低温での形状保持能力 ●加熱した時の溶解性 ●食品としての無味無臭さ ●コストの低さ	コンビニ弁当の仕切り

ソーセージでは形を保つこと、コンビニ弁当では溶けることが重要

用語解説

ケーシング：casingは外皮の意味で、電線の被膜や掘削用の鋼管、包装材などもこう呼ばれることがある
可食性フィルム：ゼラチン以外にもデンプン製のもの（オブラートなど）や海藻由来のものなどがある

49 透き通ったお酒はコラーゲンのおかげ

酒の澱下げ剤

飲食品用途のコラーゲンとしてあまり知られていないものに、お酒の澱下げ剤（清澄剤）があります。日本酒（清酒）の原料は、言うまでもなくお米です。正確には米に含まれるデンプン質で、これを麹菌によって糖に変え、同時に酵母菌の力で糖をアルコールに変えていきます。つまり、糖化作用とアルコール発酵を並行して行っているわけで、醸造酒としては高いアルコール度数になるのはそのためです（日本酒は15～20度、ワインは10～15度）。

しかし、発酵が進んだ酒の中には糖化酵素のタンパク質が残り、混濁が生じることがあります。そこで、古くから柿渋による清澄が行われてきました。柿に含まれるタンニンにはタンパク質を吸着する性質があるため、分子同士をくっつけて重くし、沈殿させるのです。ただし、柿渋特有の臭いがつくという問題がありました。そこで考え出されたのがゼラチンの併用です。柿渋を減らし、その分、ゼラチンをわずかに加えることで混濁物質の微粒子を効率的に凝縮結合させ、沈殿しやすくします。最近では、吟醸酒などをグラスで飲むことが増えましたが、きれいに透き通った清酒を楽しめるのもコラーゲンのおかげだったのです（近年は、柿渋以外に二酸化珪素の澱下げ剤も使われています）。

一方、ワイン、特に赤ワインに生じる澱はタンニンやポリフェノール、タンパク質などが結合したもので、熟成が進むほど増えていきます。この場合にも、タンニンとの結合能が高いゼラチンを微量加えることで、タンニン—ゼラチン結合体を生成させ、容易に沈殿除去できるのです。

いずれの場合も、ゼラチンであれば残留したものを飲んでもまったく問題ありませんし、無味無臭のためお酒の味を変えることもありません。それだけに、今後も食品産業のさまざまな分野で、このような利用方法が生まれてくるのではないでしょうか。

要点BOX

- 日本酒の発酵中に混濁物質が生まれる
- 柿渋で凝集できるが、臭いが残る
- 微量のゼラチン添加で効率的に沈殿除去

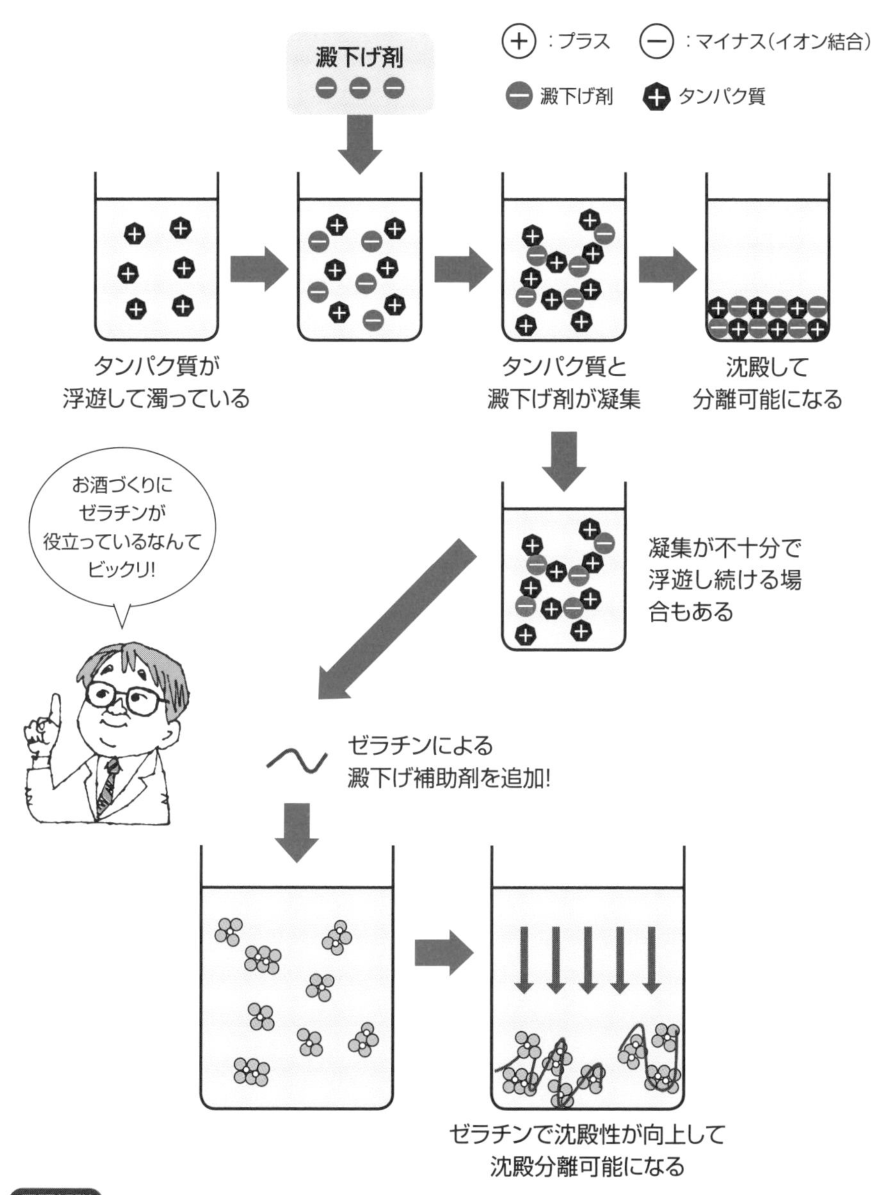

用語解説

糖化酵素：デンプンを分解して糖に変える酵素で、糖化型アミラーゼやグルコアミラーゼなどがある。この糖を酵母が分解してアルコールにする
清澄：滓下げとも言い、柿渋を使う物理的清澄法と分解酵素を使う酵素的清澄法があった

Column

工業用、食品、化粧品、医薬品など用途によってコラーゲンもさまざま

コラーゲンのさまざまな用途を、本書で紹介してきました。コラーゲン、そしてその分解物であるゼラチンやコラーゲン加水分解物は、工業分野、食品分野、化粧品分野、医薬品分野など多方面で重宝されています。その理由のひとつが、目的に合わせて特性を変えられる「百変化」にあると言ってもいいでしょう。

「変化」のひとつは精製度です。コラーゲンの分解物であるゼラチン（膠）は、生産後に夾雑物を取り除くことで純化され、精製度が上がっていきます。もちろんその分、コストがかかって価格は上がるものの、たとえば医薬品分野であれば「値段は高くても純度の高いゼラチン」が必要になるので問題ありません。並べていくと食品分野、化粧品分野、医薬品分野の順で精製度も価格も高くなっていきます。逆に工業分野であれば精製度よりも価格が重要視されますから、革生産の副産物を原料にしたゼラチンや膠で十分ということになります。

もうひとつの「変化」は物性です。ゼラチンにはゼリー強度や粘度などの物性の違いがあり、これらを調整することで多様な用途に合わせた製品がつくれます。しかも、ただ数値を変えるだけではないのです。

たとえば、アルカリで処理したゼラチンは溶液の粘度、濁度、浸透圧、起泡性などの物理的性質が際立つ「尖った特性」になるのに対し、酸で処理したゼラチンはもう少し緩やかな変化をします。こうしたタイプの違うゼラチンを混合することで、より多様な目的にも応えることができ、用途はさらに広がっていくのです。

第 7 章

コラーゲンと美容

50 「老化」もコラーゲンが関係する

皮膚の構造とコラーゲン

30代、40代、50代と年齢が進むと、身体のさまざまなところで「老化」を感じるようになります。中でも肌はとても変化し、「乾燥気味でキメが荒くなる」「しわやたるみが生じる」「しみやそばかすも目立つようになる」などの悩みは、多くの人に共通なのではないでしょうか。それにしても、どうしてこんな現象が起きるのか考えたことはありますか？

皮膚組織がコラーゲンによって形成されていることは、すでに説明しました。もうひとつ、エラスチンというタンパク質も忘れてはいけません。エラスチンもコラーゲンと同様に線維状をしており、弾力性に富んでいます。牛すじ肉や豚のモツなどに多く含まれると言われ、その触感からイメージできるでしょう。とにかく、ばねやゴムのように伸び縮みするので、頑丈であるもののあまり変形しないコラーゲンとは対照的です。この性質の違いが、皮膚の張りを生んでいます。ベッドのマットレスを例にして説明しましょう。

高級なベッドは適度な弾力があり、中から外に押し戻す感覚があります。その力で就寝中の体重を支え、疲労を回復させてくれるのです。

そんな気持ち良い寝心地を生み出しているのが内部のスプリングです。ただスプリングを並べただけでは、バラバラになるだけで跳ね返ってはきません。そこで、丈夫な網状の構造体でしっかり固定し、弾力が有効に発揮されるようにするのです。

皮膚においては、エラスチンがスプリング、コラーゲンが構造体となることで、同じような効果を生み出しています。ところが、加齢を重ねるとどちらのタンパク質にも変化が現れるのです。

コラーゲンでは、糖化架橋が形成されていきます。皮膚の内部で生じる糖類によってコラーゲンとコラーゲンが結ばれ、柔軟性が失われてしまうのです。同時にエラスチンも減少していくので、若いときのような肌の張りを維持できなくなります。

要点BOX

- ●皮膚はコラーゲンが構造、エラスチンが弾力を生む
- ●老化するとコラーゲンは柔軟性も失われる
- ●エラスチンも減少し、肌の張りがなくなる

加齢による皮膚構造の変化

健康な状態の皮膚構造モデル　　加齢で変化した皮膚構造モデル

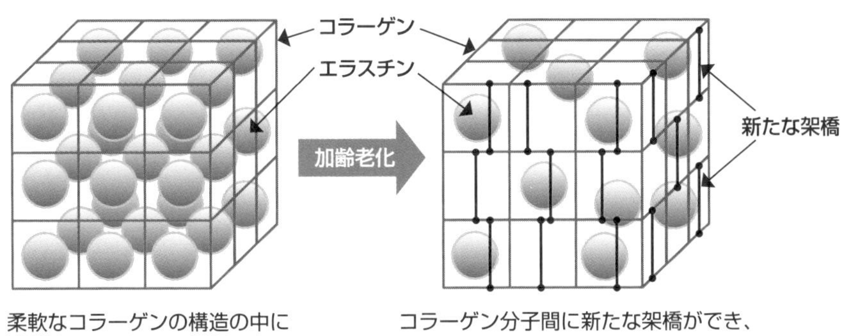

柔軟なコラーゲンの構造の中に十分なエラスチンが存在

コラーゲン分子間に新たな架橋ができ、エラスチンが減って柔軟性が低下
➡ **老化した柔軟性のない肌**

※実際の組織内ではコラーゲンは格子状ではない。また、エラスチンは球状ではなく線維状となっている

コラーゲンゲルの走査型電子顕微鏡像（1万倍）

通常のコラーゲンゲル

糖化

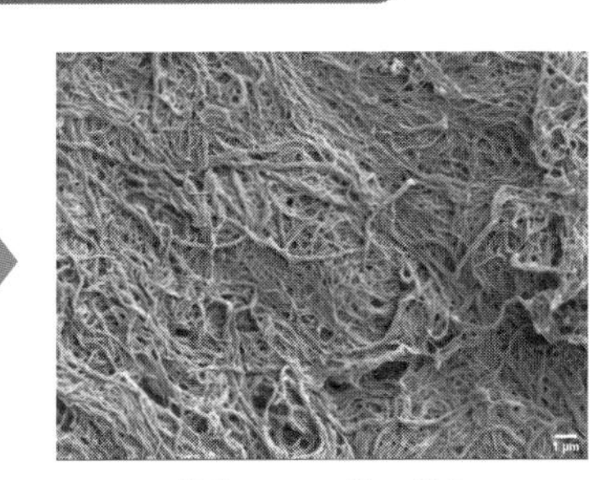

糖化コラーゲンゲル
（架橋により細かな構造となっている）

用語解説

エラスチン：構造タンパク質の一種で弾性線維と呼ばれる。デスモシン、イソデスモシンなどの特殊な架橋アミノ酸を持つ
糖化架橋：糖とタンパク質中のアミノ酸残基が反応することによりコラーゲン分子間に架橋をつくる

51 肌の「しわ」はなぜできる？

皮膚のしわのメカニズム

歳を重ね、老化によって皮膚が徐々に弾力を失っていくと、「しわが深くなってきたな」と感じるようになります。内部からの圧力を生じるコラーゲン＋エラスチンの機能が失われ、肌がたるみやすくなることで、表皮にしわができるのです。

ただし、コラーゲン＋エラスチンの質の変化や量の減少と、「しわができる」という現象の関係性が完全に解明されているわけではありません。つまり経験的に、「歳を取るとしわが増える（深くなる）」という変化が起きると感じているのです。

次項で詳しく説明しますが、紫外線を多く浴びた場合にもコラーゲンとエラスチンの機能が失われ、しわにつながります。さらに、日焼けをすると肌の乾燥が進むため、ダブルの効果で肌が荒れていく可能性があるのです。

いったん、しわができると、元に戻すのは簡単ではありません。真皮の下にある筋肉をマッサージし続けることでリフトアップできる例がないわけではありませんが、これについてもメカニズムが確立されているのではないため、大きな期待はしない方がいいでしょう。

そのようなことから長く美肌でいたい人は、あとから慌てなくてもいいように予防に力を入れてください。加齢については避けることができませんが、しっかり栄養を摂って健康な生活を心がければ、肌の老化スピードを遅らせることができるかもしれません。

さらに、紫外線対策が重要です。帽子や日傘の多用やUVカット剤の使用も効果的でしょう。また、クリームやローションなどの保湿剤によるスキンケアを欠かさず、肌が乾燥しないようにすることで皮膚を元気な状態に保つのです。

適度な運動は、筋肉の衰えを防ぐだけでなく、皮膚にも刺激を与えると考えられています。ただし、そのために余計に紫外線を浴びないように注意してください。

要点BOX
- ●コラーゲンとエラスチンの減少でしわができる
- ●原因となるのは加齢と紫外線暴露
- ●しわをなくすのは難しいので予防が大事

加齢老化と光老化

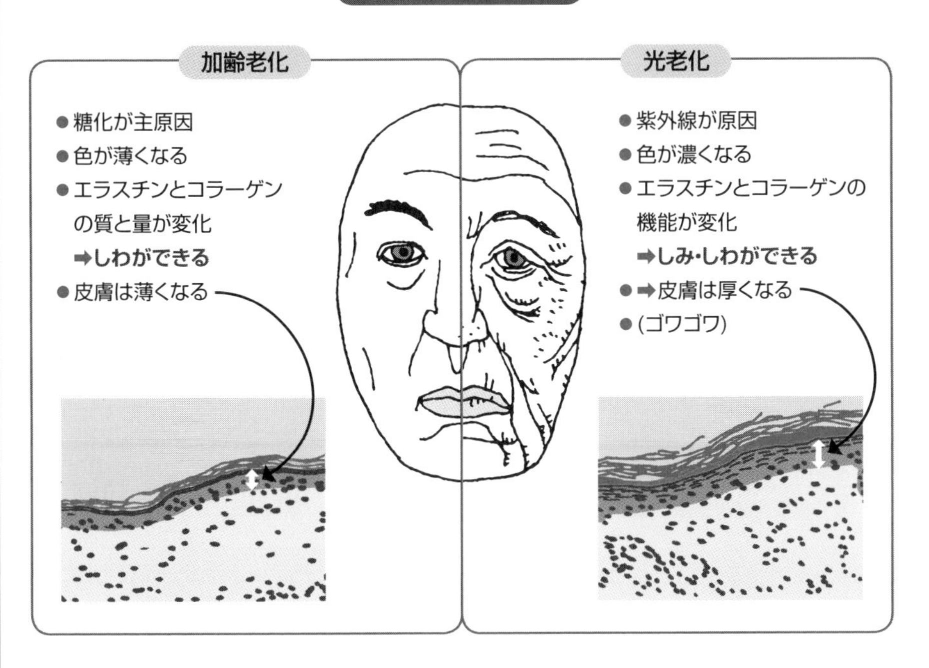

老化するとしわができる

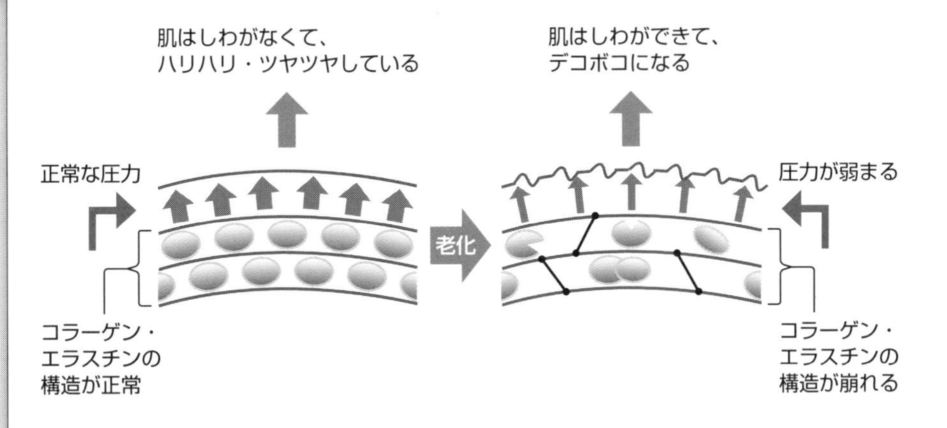

※上のように考えられているが正確なメカニズムまではわかっていない

52 「光老化」のメカニズムを知ろう

紫外線の皮膚への影響

高齢になると肌に「しわ」や「たるみ」が多くなるだけでなく、「しみ」や「くすみ」なども目立つようになってきます。これらは、加齢老化によるものだけではありません。長く紫外線を浴びたことで、皮膚に生じる変化も大きいのです。

その証拠は、あまり外に出さない太股の内側などを見ればわかります。お年寄りであってもこの部分の肌は色が白く、柔らかなままだからです。つまり、皮膚の老化とは加齢によってだけで起きるのではなく、紫外線による光老化も上乗せして加わるのです。

それでは、光老化はどのようなメカニズムで起きるのでしょうか。最も顕著なものは、エラスチンの変化です。真皮に含まれるエラスチンは弾力性があり、皮膚の張りを保ちます。そのためには全体的に分散し、それぞれが独立した働きをしなければなりません。ところが、紫外線を浴び続けると破壊されてくっつき（＝凝集し）、団子状態になってしまうのです。こうなると弾力性は十分に発揮されず、しわやたるみの原因になります。さらに、紫外線の刺激により皮膚に含まれる脂質が分解され、反応性と酸化能力の高い活性酸素（ROS）が生まれるとコラーゲンとエラスチンの構造が破壊されてしまうのです。皮膚組織の具体的な変化は次のようになります。

「紫外線の刺激によりROSが発生➡エラスチンの凝集➡エラスチン・コラーゲン分解酵素の活性化➡コラーゲン線維の切断➡真皮組織の陥没」

光老化は皮膚の慢性的な損傷であるため、ひとたび進行すると復元はできません。だからこそ、日頃からの予防が大事になります。地上に届く紫外線は、波長によってUV-AおよびBの2種類があり、光老化の主原因になるのはAの方です（Bは炎症などを起こす）。日焼け止めクリームなどではAに対する防止効果をPA、Bの防止効果をSPFと分けて表示していますので、その数値を参考に選んでください。

●紫外線を浴びることで皮膚が老化する
●しみやくすみは主に光老化で生じる
●PA値の高い日焼け止めで予防を

光老化の現象とメカニズム

現象

UV照射

日焼け
しわ
弾力性の低下
皮膚がん

改善方法

活性酸素の除去
抗酸化効果のある食物の摂取
➡活性酸素の除去
➡光老化を防ぐ

メカニズム

UV照射

活性酸素（ROS）の生成
ex) ● HO、O_2、O_2^-

光老化

ROS
➡脂質の過酸化物が生成

コラーゲンやエラスチンの
機能と構造が変化
➡光線による皮膚障害

紫外線照射による皮膚構造の変化

正常な皮膚断面

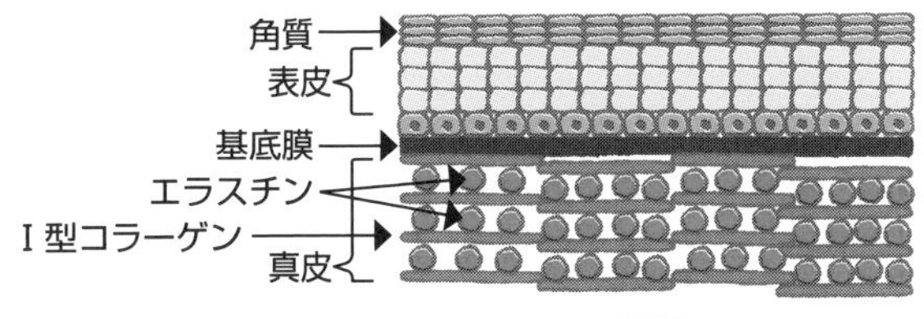

紫外線照射後の皮膚断面

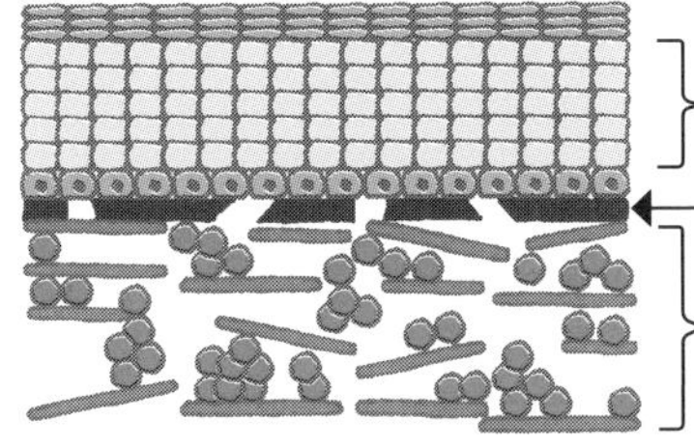

53 「コラーゲン」を肌に塗ると・・・

皮膚に塗ったときの効果

最近は、コラーゲン入りのスキンケア化粧品がたくさん売られています。皮膚の主成分を含んでいることから肌に良さそうな気がしますが、どうなのでしょうか？

実は、肌の上に塗ったコラーゲンが、そのまま皮膚のコラーゲンになるわけではありません。コラーゲンやエラスチンは体の中で合成されるもので、外から供給はされません。コラーゲン入りの化粧品の効果は、異なるメカニズムで起こると考えられています。

化粧品のクリームやローションには、保湿作用を持った成分や、皮膚の表面にある角層の調子を整える効果のある成分が含まれています。それらにより、塗った後に肌がしっとりするとか、すべすべするという経験は誰にでもあるでしょう。

これらのスキンケア化粧品にコラーゲンが配合されていると、その皮膜効果（コラーゲンのつくる膜の効果）により塗った後はすぐに落ちません。つまり、肌の上にとどまり、有効成分の効きを長続きさせる効果があるのです。さらに、撥水効果や皮膚浸透性の向上などの機能を発揮させるようにしたコラーゲン入り製品もあります。

また、紫外線を浴びたことで凝集するエラスチン線維を、再び分散させる効果も期待されています。まだ実験室レベルの話ですが、光老化により体毛が生えなくなったマウスの皮膚にアテロコラーゲン、コラーゲン加水分解物を塗布したところ、一定の回復効果が認められました。ただ、紫外線を12週間照射したマウスに8週間塗布を続けた結果なので、「コラーゲン入りクリームを塗れば、すぐに回復！」とまではならないようです。

いずれにしろ、保水効果のあるスキンケア化粧品にコラーゲンを配合することで機能が長続きするだけでなく、肌に馴染みやすくなるため広く利用されているのでしょう。

要点BOX
- ●コラーゲン配合で肌と馴染みが良くなる
- ●有効成分を長くとどめ、保水効果が持続
- ●光老化を回復するコラーゲン製剤も開発中

コラーゲン配合化粧品の効果

コラーゲン未配合化粧品

有効成分は保持されない
皮膚から水分がどんどん
逃げていく

コラーゲン配合化粧品

コラーゲンのつくる皮膜で
有効成分が保持される
また、皮膚からの水分の
放散も防ぐことができる

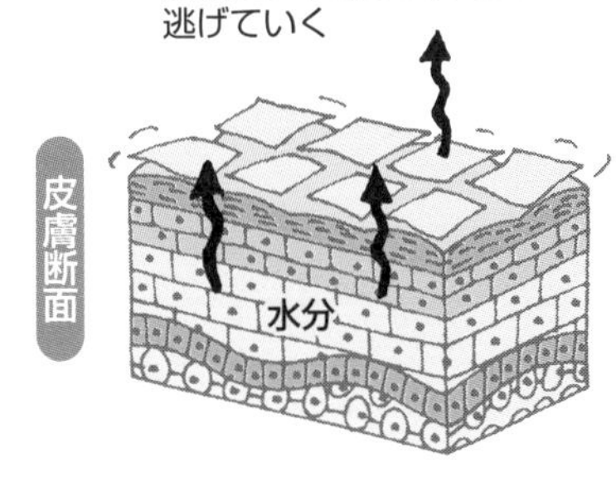

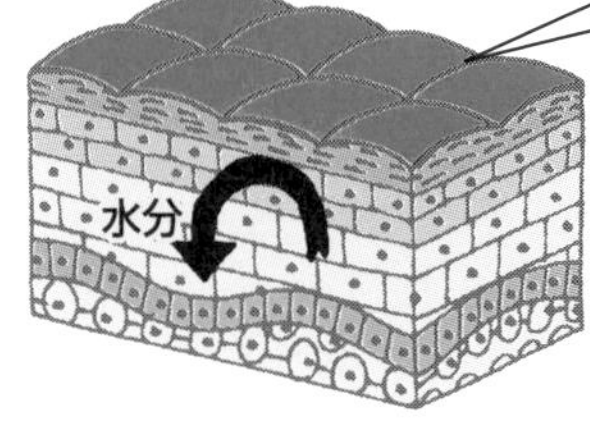

エラスチンの再分散効果

正常な皮膚断面

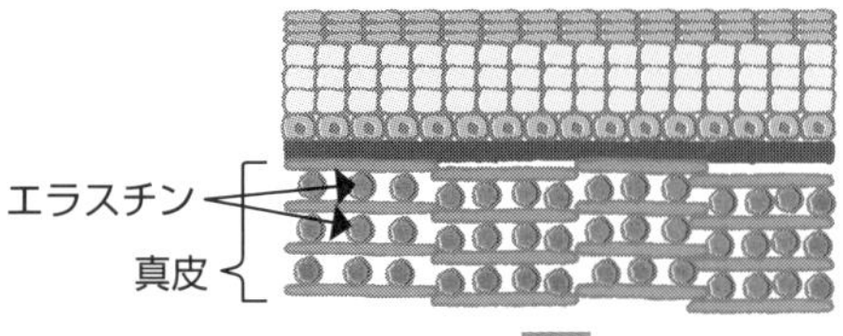

紫外線照射後の皮膚断面

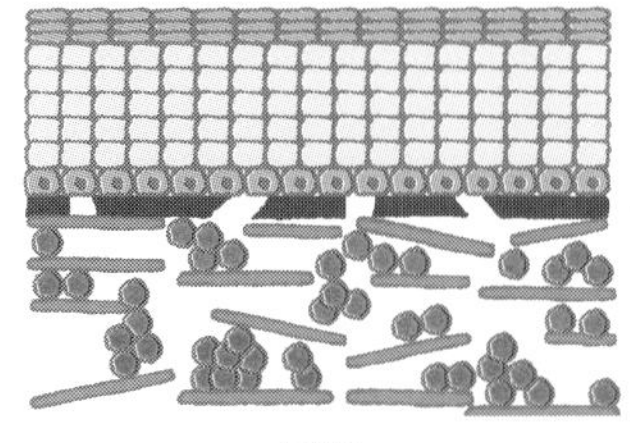

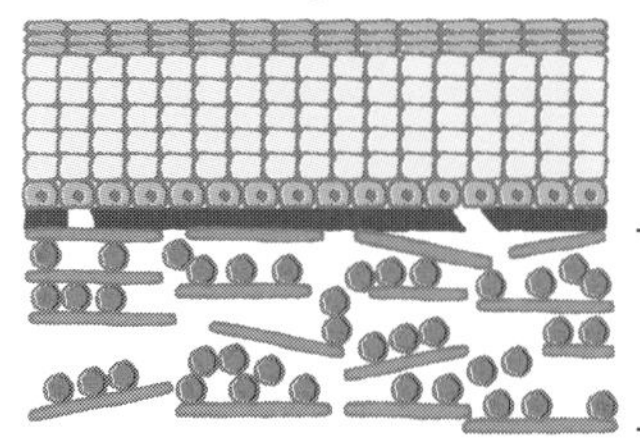

54 美容に使われるコラーゲンとは？

アテロコラーゲンやゼラチン

美容に使われるコラーゲンとは、どのようなものなのでしょうか。ウシの皮や魚の皮のⅠ型コラーゲンやⅢ型コラーゲンなどの線維性コラーゲンを使うのですが、そのままではなく化学的な処理をされるものが多いです。

コラーゲンは、他のタンパク質に比べれば低いのですが、それでもヒトに対する抗原性があります。この抗原性は、三重らせん構造の両端にあるテロペプチド部分に起因します。このテロペプチド部分をペプシン、トリプシンなどのタンパク質分解酵素で取り除くことで、抗原性を低くできるのです。この技術は1960年に日本の研究者によって発明されました。

このテロペプチド部分がない三重らせん構造だけのコラーゲンは「アテロコラーゲン」と呼ばれ、現在では世界中で化粧品や医療用として広く使われるようになっています。

このアテロコラーゲンをもとに、さらに改良を加えたコラーゲンも使われるようになっています。その代表的なものが、スクシニル化したコラーゲンでしょう。コラーゲンと無水コハク酸を反応させることでスクシニル化が行われ、その結果疎水性の高い、つまり水に溶けにくく油に溶けやすい（脂溶性が高い）コラーゲンになります。化粧品などでは油性成分が多いものがあり、このスクシニル化コラーゲンはこれらに溶け込むことで利用できます。

また、コラーゲンを分解したゼラチン、コラーゲン加水分解物なども利用されています。分子量500以下の小さなコラーゲン加水分解物を配合して、皮膚の内部に浸透を高めるような用途も開発されています。

このようにコラーゲンはそのままのみならず、いろいろと形を変えて使われています。今後も、目的用途に合わせたいろいろな派生製品が開発されていくでしょう。

要点BOX
- ●コラーゲン入り化粧品の主目的は保湿
- ●非加熱コラーゲンで保水力アップ
- ●分子量が小さいものは吸収され肌内部から保湿

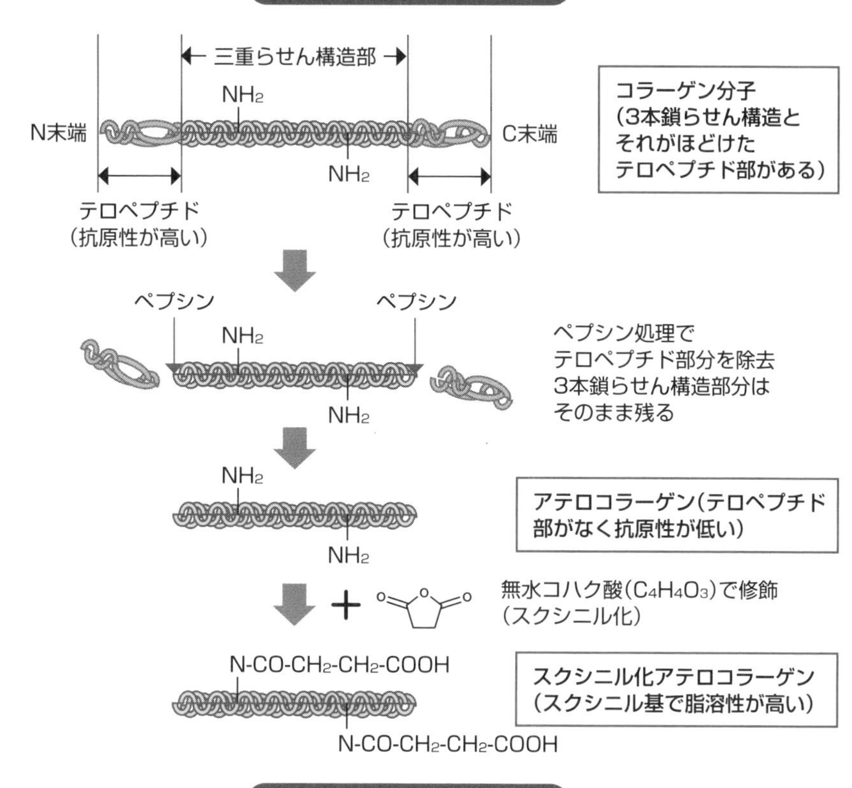

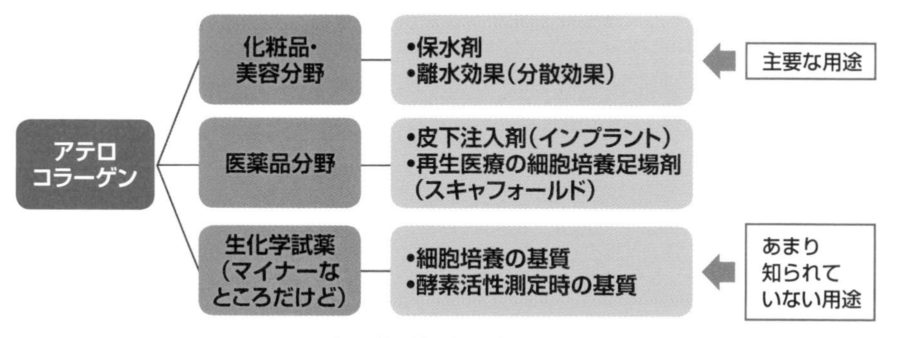

※アテロコラーゲンは抗原性の低さ、製法の確立、品質の安定度などから
直接体に働きかける利用(化粧品・医薬品)で広く使われている

用語解説

低抗原化技術：タンパク質分解酵素でテロペプチド部分を取り除いて抗原性を低くする。株式会社ニッピの西原富雄博士によって見出された

55 美容整形にも使われるコラーゲン

皮膚注入用コラーゲン

美容整形手術では、しわ、たるみをとるために体内の該当部位に皮膚注入剤を入れます。

この体内に注入される素材としては、シリコンやヒアルロン酸、生理食塩水バッグ、血液からつくる血餅、自分の体の脂肪などが使われています。そして、これらに加えてコラーゲンの一種であるアテロコラーゲンも、局所的なしわ伸ばし剤として多用されるようになってきました。

前項でも紹介しましたが、コラーゲンの三重らせん構造の部分は生体内に入れたときの抗原性が低く(アレルギー反応などを起こしにくい)、注入剤として安全に使うことができるのです。また、シリコンや生理食塩水バッグは、取り出さない限り永久に体内にとどまりますが、アテロコラーゲンは徐々に分解されて体に吸収されていきます。このため、形状保持効果はシリコンなどよりも短くなりますが、より体に優しく安全な手法と言えます。

しかもヒアルロン酸より分子が小さく、体内組織との馴染みも良いため、薄い皮膚の部分の浅いしわを埋めるフィラー(充填物)として適しています。具体的には、目の周りのちりめんじわや、おでこの細かいしわ、口周りの小じわなど顔まわりの美容効果が期待できるそうです。

皮膚注入用コラーゲンは多くが輸入品ですが、国内でも製造されています。原料としてウシ由来のコラーゲンを使用していることから、まれにアレルギー症状を起こすことがあるようです。このため事前に2回の皮内テストを実施し、約4週間異常がないことを確認した上で、ようやく注入が可能になります。

言うまでもなく、コラーゲンはもともと皮膚や筋肉、靭帯などを構成するタンパク質で、加齢によって減少していくことが、しわやたるみの原因になります。それだけに、皮膚に注入して肌の張りを取り戻すという考え方は理にかなっているような気がしますね。

要点BOX

- ●しわを埋める美容整形には皮膚注入剤が有効
- ●抗原性を低くしたコラーゲンも使用される
- ●目や口周りの小さなしわを目立たなくする

皮下注入の行われる部位

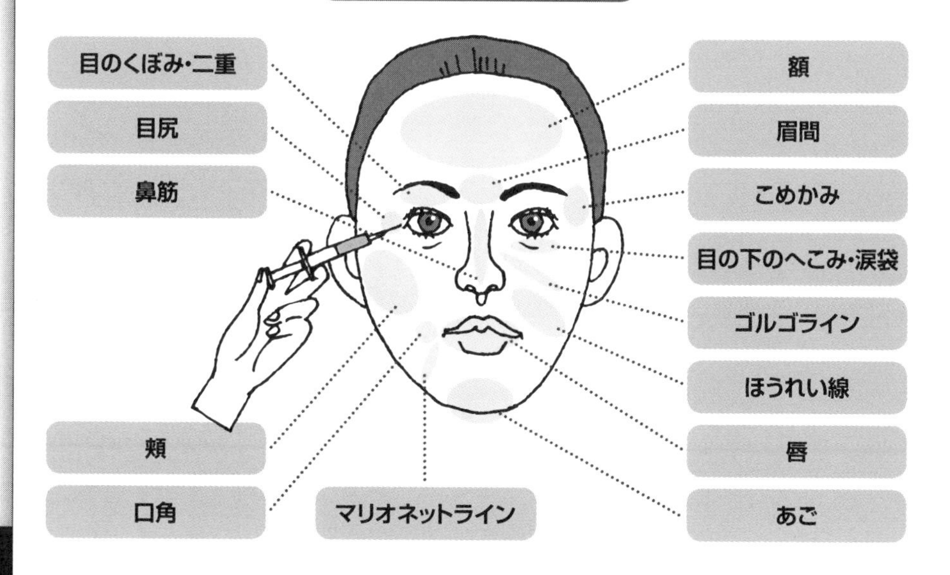

各種皮下注入剤の違い

注入剤	特徴	効果期間
コラーゲン	顔の一部など狭い範囲のしわ取りなどに使用。体へのダメージが小さい。体に分解吸収される	数カ月程度
ヒアルロン酸	狭い部位から豊胸など広い部位まで使用。注射跡(デコボコ)が残りやすい。体に分解吸収される(コラーゲンより遅い)	半年〜2年程度
脂肪(注入)	比較的大きな部位に使用。体に分解吸収される	数カ月〜半永久的
シリコン・ 生理食塩水バッグ	大きな部位に使用。分解吸収されないため、豊胸手術などでは加齢に伴い、除去が必要になることがある	半永久的

血餅：上澄みと凝固部分に分かれた血液の凝固部分で美容・医療に利用される

56 皮膚の若返りはとても難しい

コラーゲンだけで若返りはできない

前項ではアテロコラーゲンの注入により、肌のしわやたるみを改善できると説明しました。コラーゲンは皮膚を構成するタンパク質ですから、加齢による減少分を補充すれば、若返りできそうな気がしてしまいます。しかし、残念ながら注入されたアテロコラーゲンは単なる充填剤で、皮膚の中にもともとあるコラーゲンの複雑な高次構造を形成するわけではありません。時間が経過すると、体内に吸収されて減っていき、最終的にはなくなってしまいます。この点はヒアルロン酸などの注射と同じで、効果は持続的ではありません。したがって、肌の張りを保ちたければ、何度も再注入を繰り返すしかないのです。

美容整形は健康保険の利かない自由診療ですから、皮膚注入剤を注射するだけでも1回につき数万円かかります。また、アテロコラーゲンは抗原性が低いとは言え、ゼロではありません。体内に異物が入る以上、炎症などのリスクはあり、頻繁に行うことはあまりお勧めできません。

では、根本的に老化した皮膚、老化したコラーゲン・エラスチンの構造を、若い元の状態に戻すことはできないのでしょうか。残念ながら、この答えは現時点では「ノー」です。コラーゲンに限らずいろいろな化粧品、医薬品が若返りの効果を謳っていて、一定の効果はあるようですがそれも限定的です。現在の科学では、一度壊れた皮膚の構造を元に戻すことはできません。前にも述べましたが、紫外線を避けるなどの予防で皮膚の老化を防ぐことが、現状で最も効果的なアンチエイジングかもしれません。

加齢や紫外線の影響によってダメージを受けた皮下の構造は、現在の医療技術では元に戻すことはできません。それでも、コラーゲンやヒアルロン酸などの皮膚への注入や、コラーゲン加水分解物の摂取による限定的な改善は可能なので、今後の研究に期待したいですね。

要点BOX

- ●皮膚注入の効果は持続しない
- ●肌の老化を元に戻す医療技術はない
- ●老化の予防が最大のアンチエイジング

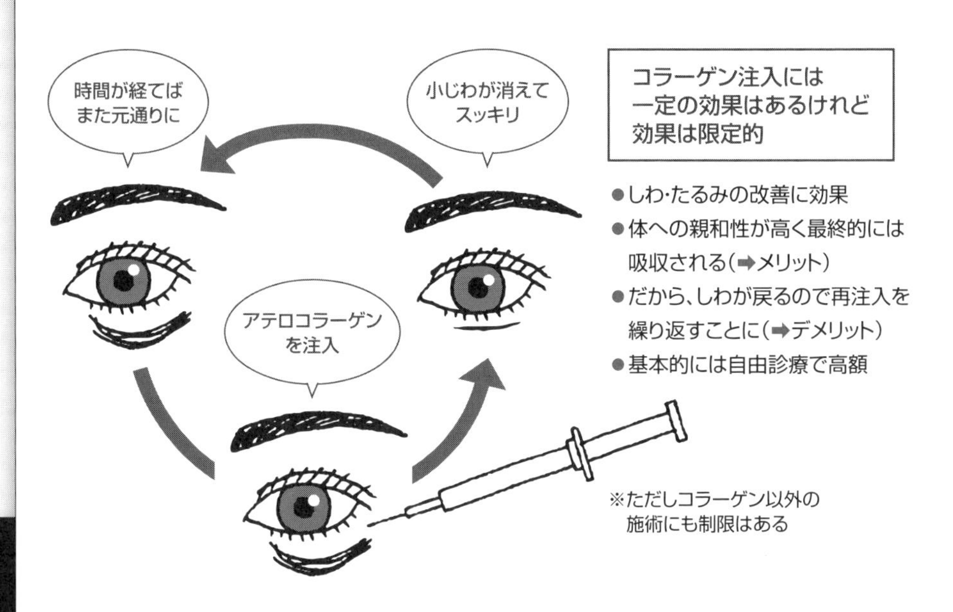
コラーゲンの皮下注入には限界がある
時間が経てば
また元通りに
小じわが消えて
スッキリ
アテロコラーゲン
を注入
コラーゲン注入には
一定の効果はあるけれど
効果は限定的
●しわ·たるみの改善に効果
●体への親和性が高く最終的には
吸収される(➡メリット)
●だから、しわが戻るので再注入を
繰り返すことに(➡デメリット)
●基本的には自由診療で高額
※ただしコラーゲン以外の
施術にも制限はある

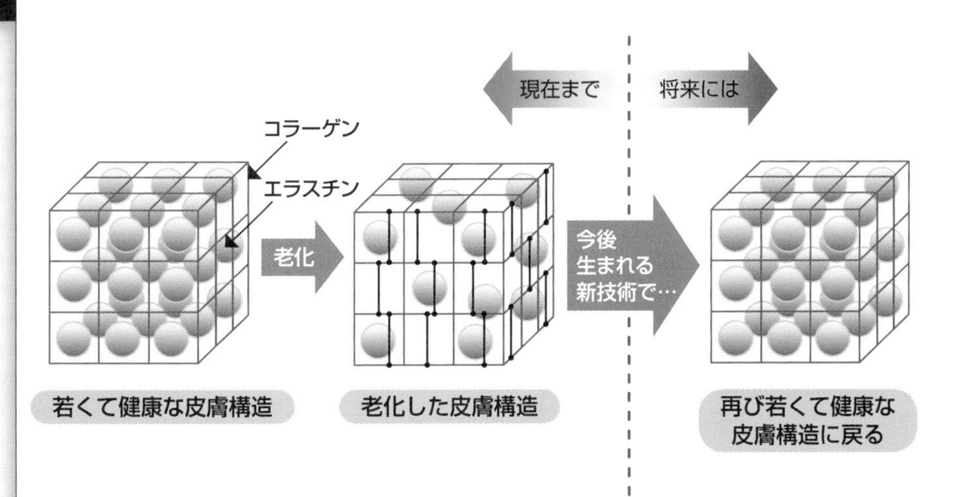
期待される根本的な技術
現在まで
将来には
コラーゲン
エラスチン
老化
今後
生まれる
新技術で…
若くて健康な皮膚構造
老化した皮膚構造
再び若くて健康な
皮膚構造に戻る

57 食べる飲むコラーゲンに美肌効果はあるの？

コラーゲン食品・飲料の効果

「今、コラーゲン鍋が人気！」

こんな記事が女性向けのサイトで紹介されていました。コラーゲン鍋とは、豚足や手羽先などを煮込んだコラーゲンたっぷりのスープに、軟骨付きの肉や鶏皮、スッポン、アンコウなどコラーゲンを多く含む食材を入れた鍋の通称のようです。最近では、コラーゲン成分を丸く固めたコラーゲンボールも市販されており、簡単につくることができるそうです。

他にも、「コラーゲン入り！」と強調したコラーゲン加水分解物入りの機能性表示食品が数多く販売されており、「保水力アップ」「しわ予防」「お肌がプルプル」など皮膚への効果を示す表現が並んでいます。しかし、コラーゲンを食べたり、コラーゲン加水分解物入りのドリンクを飲んだりすることで本当に美肌になれるのでしょうか。

科学的な治験データによると、一定の効果が認められた例があります。それによると、35～55歳の「肌の乾燥や肌荒れに対して悩みを持つ女性」にコラーゲン加水分解物を1日2・5g、8週間連続で摂取してもらったところ、肌の弾力性や水分量、肌荒れなどの項目で改善が見られたそうです。また、寝たきりなどによって発生する褥瘡（じょくそう）への改善効果も報告されています。

第4章で紹介したように、コラーゲンやゼラチン、コラーゲン加水分解物は、すべてアミノ酸まで分解されて体に吸収されるわけではなく、コラーゲン特有のペプチドでも吸収されます。それらのペプチドには、いろいろな生理活性を持つものも見つかっており、肌への生理活性効果（肌の保湿性を向上させる効果）を示すペプチドもいくつか報告されています。これらペプチドの持つ生理活性と「肌への良い効果がある」という多くの研究結果との関係を考えると、今後さらにそのような物質や作用のメカニズムがいろいろとわかってくるでしょう。

- ●コラーゲン鍋の直接的な美肌効果は不明
- ●肌の症状改善の研究結果は多数ある
- ●効くメカニズムについては今後に期待

「コラーゲンの働き」についてのアンケート結果

Q. コラーゲンの働きについて知っているもの

コラーゲンを知っている女性(n=1,444)

	知っている	何となく聞いたことはある	知らない
コラーゲンは美肌をつくる	83.5	15.8	0.7
コラーゲンは肌にハリを与える	79.5	16.1	4.4
コラーゲンは身体全体を美しくする	38.9	42.4	18.7
コラーゲンは関節の動きを滑らかにする	37.3	25.3	37.5
コラーゲンはツメを丈夫にする	28.6	26.4	45.0
コラーゲンは自分の体内でつくられる	23.9	29.5	46.7
コラーゲンは髪を太くする	22.2	25.5	52.3
体の中にコラーゲンを生み出す細胞がある	18.9	26.9	54.2
コラーゲンは血管をしなやかにする(強くする)	17.7	25.8	56.5
コラーゲンは内臓の働きを良くする	12.5	22.1	65.4
コラーゲンは歯を丈夫にする	10.9	21.6	67.5
血管を強化すると体内でコラーゲンをつくる力が高まる	11.1	17.7	71.3
血流が良くなると体内でコラーゲンをつくる力が高まる	10.7	17.9	71.5

0% 20% 40% 60% 80% 100%

■知っている ■何となく聞いたことはある ■知らない

出典:㈱資生堂の調査結果からグラフを再作成(調査時期:2017年5月22日(月)～23日(火)、調査方法:インターネット調査、調査対象:全国の20～40代女性1,500人(10歳刻みで500人ずつ))

コラーゲンを食べると

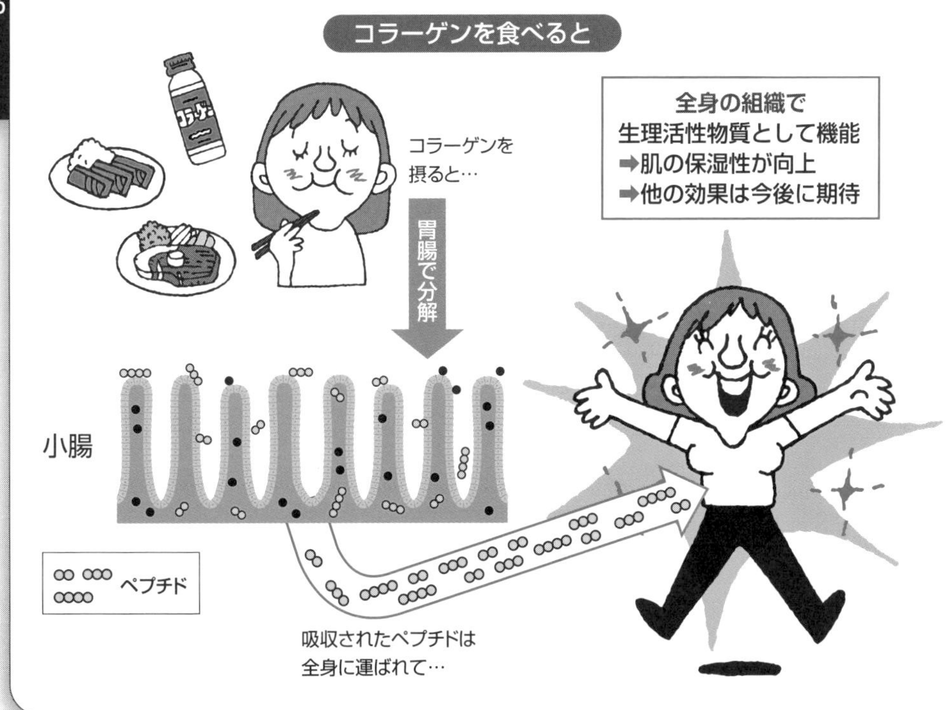

Column

人工的に生産される合成コラーゲンとは?

コラーゲンは、生体内でアミノ酸から生合成されます。しかし、分子の構造などがわかっている以上、他の有機化合物などと同様に化学合成することが可能です。

さらに、人工的なコラーゲンの合成では、プロセスを調整することで生体内のアミノ酸配列とは異なる構成にすることもできます。つまり、まったく新しいコラーゲンを生み出すことができるのです。

たとえば、アミノ酸の「-Gly-X-Y-」配列において、XとYの部分にプロリンとヒドロキシプロリンが入る確率は、天然コラーゲンでは10分の1程度になります。ところが、人工合成の場合にはこれらをすべてプロリンとヒドロキシプロリンにしたり、逆にまったく異なる組み合わせにしたりすることも可能です。

このようにしてアミノ酸配列をデザインした合成コラーゲンの中には、三重らせん構造を維持する力が天然のコラーゲンよりも著しく高いものもあります。つまり、それだけ丈夫なわけで、新たな工業用素材として活用できるかもしれません。

現在はアミノ酸20個（3本鎖のコラーゲン分子で60個のアミノ酸残基）の合成が限界ですが、今後技術が進歩すれば、もっと自由にコラーゲンをつくることができるでしょう。そうすれば、用途はますます広がります。

すでに化粧品原料として、合成コラーゲンの一部が使われ始めています。また、まったく新しい人工繊維やドラッグデリバリーシステム（薬効成分を狙った組織へ運ぶ担体）への応用なども期待されており、コラーゲン科学・利用の進歩への貢献が期待されています。

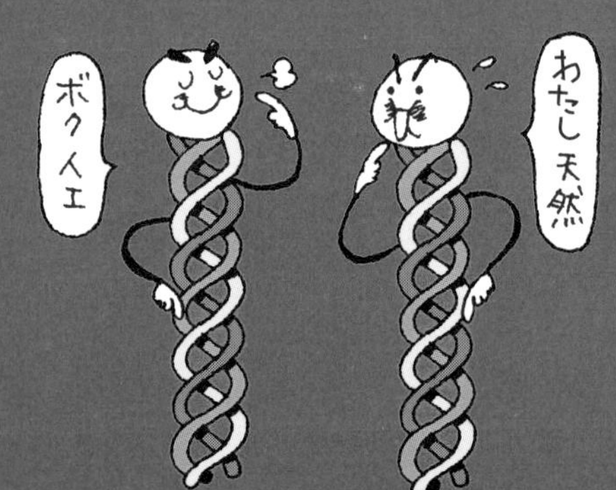

コラーゲンと病気・医療

58 コラーゲンが医療を進歩させる

コラーゲンの新しい用途・研究分野として、大きな期待を集めているのが医療です。その理由はいくつかあります。

第一に、コラーゲンはアテロコラーゲンなどとして、抗原性が低い状態で利用できることです。したがって、体内に導入されても他の多くの物質より免疫反応が弱くなります。しかも、コラーゲンはすべての動物が持っている物質なので、ウシやブタ、魚の皮などから安価に入手することが可能です。

第二には、製造工程を工夫することで分子量や構造を調整することが可能になり、フィルムやゲル、粉、溶液…と非常に広い範囲の物性や温度特性、化学的特性のある製品にすることができる点です。このため、外科用部材から再生医療部材、機能性食品、薬剤用カプセルやゼリーなど、医療分野のさまざまな目的に応えることができます。

古くは漢方薬の阿膠として使われたコラーゲンですが、残念ながら現代医学や薬学ではコラーゲンが直接、医薬成分としては認められてはいません。しかし、薬品を投与するとき、薬のカプセルや薬を固める賦形剤、乳化剤、点滴の安定剤などに使われ、薬の効果を高めてくれるのです。

また、コラーゲンを医療品などに利用するような方向性とはまったく異なる、重要な側面が注目されるようになってきました。最近の研究では、コラーゲン関連の遺伝子異常が多くの難病に関係していることがわかってきました。この分野の研究が進むことで、新たな治療の道が開けるのではないかとさまざまな挑戦が続けられています。

医療分野におけるコラーゲンは、長くメインストリームから外れたものと考えられてきました。しかし、研究が進むにつれて、従来では考えられないような利用が生み出され、難病との関係もわかってきました。この分野の今後の動向について期待したいですね。

要点BOX
- ●抗原性が低く体内に入れても安心
- ●フィルムから溶液まで変化する形態も魅力
- ●コラーゲンが新たな医療への道を拓く?

医療部材としてのコラーゲンの利点

性質	内容
低抗原性	アレルギー反応が低く、体内で吸収される 細胞との親和性が高く、再生細胞の足場に最適
化学的特性	温度・酸度で相変化(ゲル↔液体) 増粘剤、分散剤、安定剤としても利用
加工性	シート、ゲル、溶液、粉末、線維状、立体形状(3D)にできる
入手容易性	製法が確立しており、生体材料として品質も安定している

コラーゲンに関係する医療分野の2つの方向性

コラーゲンは…

- 優れた化学的・物理的性質 — いろいろな医療部材への利用 ➡ **素材産業分野** **新しい素材・利用法の開拓が進む**
- 生体で重要な構造タンパク質 — 関連疾病の解明と治療法探索 ➡ **研究・治療分野** **遺伝子解析・治療、基礎研究が進む**

医療の進歩に
欠かせない
コラーゲン!

59 多くても少なくても困るコラーゲン

生合成と分解のバランス

体内の組織は常に「生合成↔分解」のサイクルで代謝を繰り返します。たとえば、赤血球で120日、筋肉は半年程度で元の半分は新しく生まれ変わっているのです。

これに対して、コラーゲンの場合は代謝の時間が長く、年から十年単位だと言われています。つまり、「交換」がゆっくり進むからこそ、その健康状態に気を配る必要があるのです。

コラーゲンが正常な状態を維持するためには、生合成と分解のバランスが重要になります。コラーゲンの生合成が多くても少なくても、分解が進み過ぎても進まなくても、健康な状態を維持することはできません。

コラーゲンの過生成が進んだ病気で有名なのが、肝線維化を伴う肝硬変や肺の線維化を伴う間質性肺炎でしょう。これらは、コラーゲンの生合成が分解よりも過剰に進んだために起こり、実際にその組織はカチカチになります。肝硬変は酒の飲み過ぎや肝炎ウイルス、肺線維症は喫煙に起因することが多いので気をつけなければいけません。また、骨が硬くなる遺伝病の大理石骨病は、骨の分解が進まずバランスが崩れて発症します。

逆に、コラーゲンの過分解側に傾いた病気として有名なのが骨粗鬆症でしょう。骨を構成するコラーゲンの分解が生合成より高いことで、骨の強度が低下します。また、関節リウマチや変形性関節症でも、軟骨中のコラーゲンの分解系が進むことが知られています。

生合成と分解のバランスが崩れる病気は、タンパク質や他の生体成分でもあり、コラーゲンだけの話に限りません。しかし、骨粗鬆症や肝硬変、間質性肺炎などのよく耳にする病気に、コラーゲンの生合成・分解のバランスが関わっているのです。その一部には、私たちの生活習慣でコントロール可能なものもあることを忘れないようにしましょう。

●コラーゲンの代謝時間はとても長い
●生合成が多くても分解が多くても病気になる
●いくつかの病気は生活習慣にも関係している

コラーゲン分解・産生のバランス

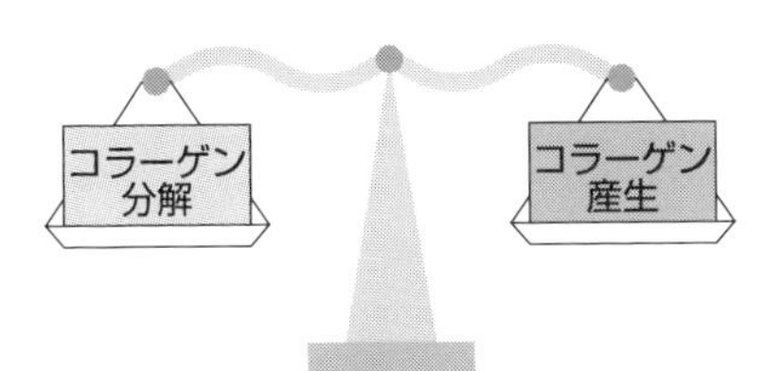

正常
分解と産生のバランスが
とれている

線維化
産生が過剰でも
分解が過少でも発生する

組織破壊
分解が過剰でも産生が
過少でも発生する

コラーゲン過剰生成と過少生成による症状の発症

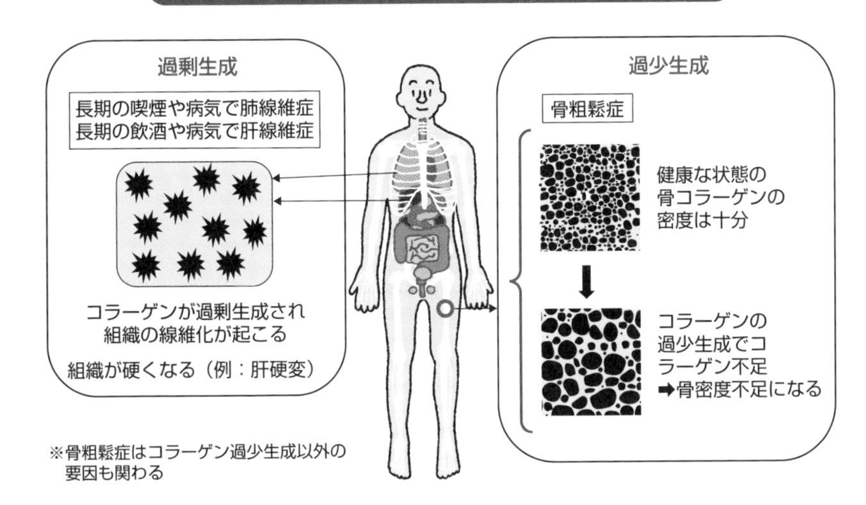

60 コラーゲンに関係する難病

遺伝子欠損による症候群

第1章で紹介したようにヒトのコラーゲンは28種類あり、そのα鎖に対応する遺伝子は44個あります。コラーゲンは生体の中で、骨や皮膚などの構造や角膜・腎臓・子宮などの結合組織で数多くの重要な機能を司っていることから、そのトラブルは数々の病気につながることは容易に想像できるでしょう。

この数十年の遺伝子解析技術の進歩により、コラーゲンのα鎖の遺伝子本体の欠陥やコラーゲンに関係する酵素の遺伝子の欠陥が、いろいろな病気・難病に関係していることがわかってきました。代表的な例としては、筋ジストロフィー症の一部（ウルリッヒ型先天性筋ジストロフィー）や骨形成不全症、大理石骨病、表皮水疱症などがあります。

このコラーゲンに関連した数多くの遺伝性疾患は、エーラス・ダンロス症候群として分類されています。これには次ページに示す表のようなものがあり、症状も多岐にわたっています。そしてその発症率は、なんと5000人に1人にもなります。

遺伝子発現全般の研究、そしてこのような遺伝性疾患の研究は近年、ノックアウトマウス技術の導入で急速に進んでいます。

ノックアウトマウスでは特定の遺伝子を改変し、それが生体にどのような影響を与えるかを見ることができます。コラーゲン関連の遺伝子を改変（欠損）させることで、それが体の臓器のどのような異常につながるかがわかってきました。

マウスの世代時間は短く、多産で結果を素早く出すことも可能なため、トライアンドエラーも容易です。マウスで表れる異常とヒトの異常は部分的に異なる場合もありますが、ヒトの研究への貢献はとても大きいのです。

このような技術と研究の進歩により、今後コラーゲン関連の病気のメカニズムの解明、治療法の開発などが進んでいくことが期待されています。

要点BOX

- ●コラーゲン関連遺伝子の異常は病気につながる
- ●多種、多様、多数の病気がある
- ●病気の解明と治療法の開発が期待される

エーラス・ダンロス症候群(EDS)

病型	遺伝形式	原因遺伝子	頻度	症状
古典型EDS	AD	COL5A1, COL5A2等	1/20,000	皮膚の過伸展性(伸びやすい)・脆弱性(容易に裂ける、薄い瘢痕、内出血しやすい)、関節の過伸展性(柔軟、脱臼しやすい)など
類古典型EDS	AR	TNXB	稀	
心臓弁型EDS	AR	COL1A2	稀	
血管型EDS	AD	COL3A1等	1/50,000	動脈病変(動脈解離・瘤・破裂、頸動脈海綿静脈洞ろう)、臓器破裂(腸管、子宮破裂)、気胸といった 重篤 な合併症を生じる。また、内出血しやすい、皮膚が薄い(皮下静脈のが透けて見える)などの特徴がある
関節(過可動)型EDS	AD	不明	1/5,000-20,000	関節の過伸展性が中心(脱臼・亜脱臼)、慢性難治性疼痛、機能性腸疾患(便秘や下痢を繰り返す)、自律神経異常(立ちくらみ、動悸など)など多彩な症状が見られることもある
多発関節弛緩型EDS	AD	COL1A1, COL1A2	稀	
皮膚脆弱型EDS	AR	ADAMTS2	稀	
後側彎型EDS	AR	PLOD1, FKBP14	稀	
脆弱角膜症候群	AR	ZNF469, PRDM5	稀	
脊椎異形成型EDS	AR	B4GALT7, B3GALT6, SLC39A13	稀	
筋拘縮型EDS	AR	CHST14, DSE	稀	出生直後にわかる多発関節拘縮や顔の特徴に加えて、進行性の結合組織脆弱性に伴う症状(皮膚の過伸展性・脆弱性、関節過伸展性・脱臼のしやすさ、足や脊椎の変形、巨大皮下血腫)を示す
ミオパチー型EDS	AD, AR	COL12A1	稀	
歯周型EDS	AD	C1R, C1S	稀	

※AD:常染色体顕性遺伝(優性遺伝)、AR:常染色体潜性遺伝(劣性遺伝)

出典:難病情報センター『エーラス・ダンロス症候群(指定難病168)』の掲載情報より著者作成 https://www.nanbyou.or.jp/entry/4801

ノックアウトマウスの作成

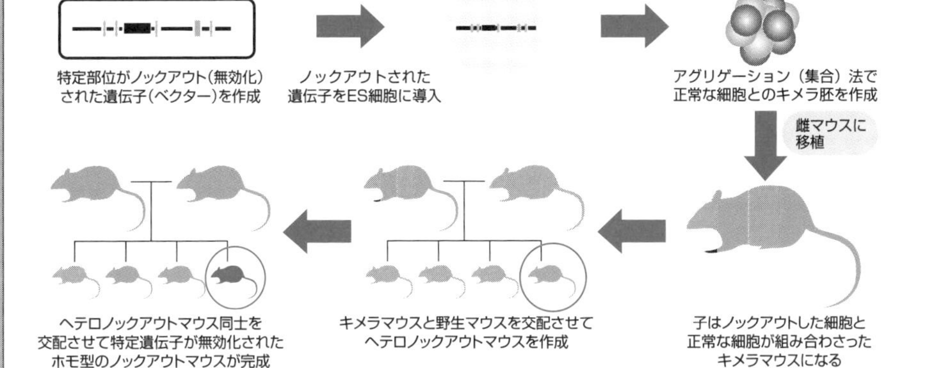

61 皮膚・歯周・神経組織の修復

歯科、形成外科領域での利用

コラーゲン（アテロコラーゲン）は人体を構成する組織との親和性が高いことから、病気やケガによって組織が欠損したとき、修復を促す医療品に多く利用されています。

最初に紹介するのは、手術のときの出血を最小限に抑える止血材です。高純度に精製された仔牛真皮由来のアテロコラーゲンを繊維状に加工した止血材で、綿状、シートタイプのものがあります。血小板の粘着や凝集を促すことで強い止血効果を発揮します。コラーゲンを使用した止血材は、多様な手術に用いられています。

歯科の領域で注目されているのが、歯周組織の再生用材料です。アテロコラーゲンを主成分とした膜で患部を覆い、歯周組織が再生するスペースを確保するのです。歯周病による組織の欠損が回復する場合、歯肉の方が骨より速く成長するため本来、骨があるべきスペースをふさいでしまうからです。このため、コラーゲンの膜で歯肉の侵入を止める治療法が生まれました。

外傷により断裂、あるいは欠損した数㎜の末梢神経の再生にもコラーゲンが有効です。神経再生誘導チューブは、ポリグリコール酸チューブの内側にコラーゲンを充填しており、外傷治療のときに断裂した神経の欠損部分に挿入し固定します。これにより、コラーゲンが神経の再生を促すことができるのです。チューブ自体は治癒後に分解・吸収され、除去する必要はありません。

一度切れた神経は通常は再生せず、手術で神経をつなぐしかありませんでした。この神経再生誘導チューブによる神経組織の自己再生は、手術でつなぐ従来の治療法に比べて患者の負担は低く、施術時間の短縮にもつながり大きな利点があります。

次頁で紹介する再生治療なども含めて、コラーゲンの親和性の高さはいろいろな分野に応用されていくでしょう。

要点BOX

- ●手術による出血を抑える止血材に使用
- ●歯周病患部を覆うコラーゲン製シート
- ●ケガで断裂した神経もコラーゲンがつなぐ

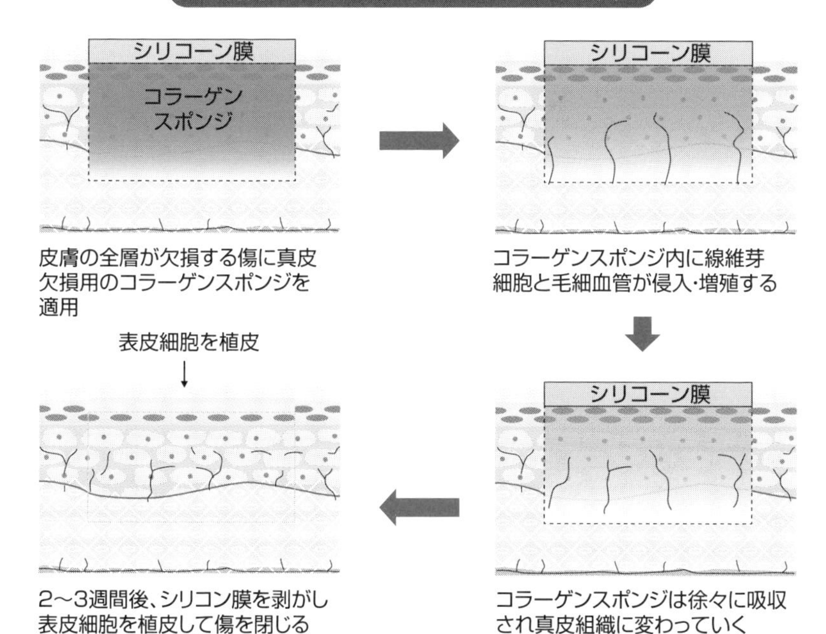

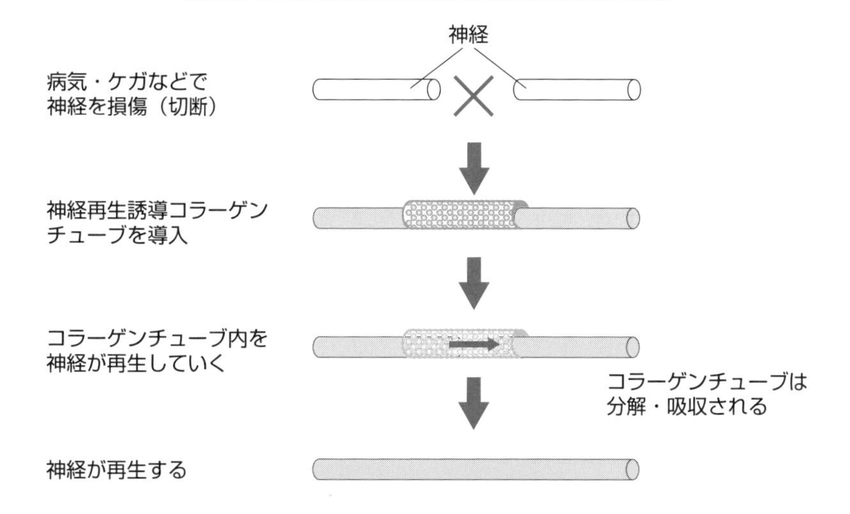

用語解説

血小板：止血、血液凝固に重要な役割を果たす血液中の成分（小細胞片）

62 再生する細胞の足場として

病気やケガで欠損した体内組織を、幹細胞などを用いて復活させる再生治療。近年では多くの応用が実現しつつあり、大きな注目を集めています。この分野でも、コラーゲンは重要な役目を果たしています。

幅広い応用が期待される医療部材に細胞シートがあります。細胞シートが優れているのは、基本的に「患部に貼るだけ」で治療が進む点です。縫合の必要もありません。

たとえば、皮膚組織や角膜の再生医療への実現が近づいています。また、心臓の一部が壊死するような従来なら臓器移植しか治療の方法がないケースでも、脈動する心筋細胞のシートで患部を覆うことによる心臓の機能回復を目指した研究が進んでいます。これらはまさに夢の医療と言ってもいいでしょう。そして、細胞シートの製造に欠かせないのがコラーゲンです。

細胞シートは、その人の細胞を採取しシート状に培養してつくられますが、基板には高純度のコラーゲンが使われます。つまり、コラーゲンの上に組織の再生に必要な細胞が積み重なっていくイメージです。

現在、さまざまな臓器の治療に効果的な細胞シートの開発が進んでいます。すでに食道や中耳、関節軟骨、歯根膜、角膜への臨床応用が国内外で行われており、そう遠くない時期に通常の医療技術として採用されることになるでしょう。

また、単なる2次元シートを超えて、立体的になるような応用も考えられています。コラーゲンと再生細胞を混ぜた材料を3Dプリンターで立体的に形成したり、あらかじめ形成したコラーゲンの立体的な構造体に細胞を播種したり、繊維状にしたりする技術の研究も進んでいます。

細胞シートや立体構造体は製造に高度な技術が必要になるため、医療関係者だけでなく、コラーゲンを含むさまざまな材料に精通した技術者たちも協力し、実用化への挑戦が続けられています。

要点BOX
- ●脚光を浴びる再生治療
- ●貼るだけで臓器を再生させる細胞シート
- ●再生治療にもコラーゲンの技術が活かされる

コラーゲンシートから移植用組織まで

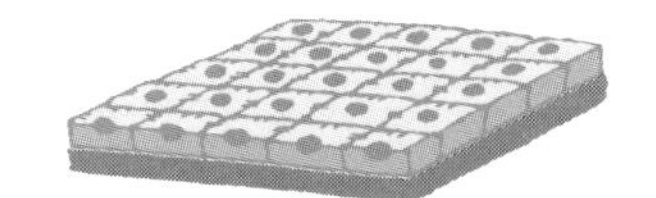

コラーゲン層の上で培養される
細胞シート(この状態でも利用される)

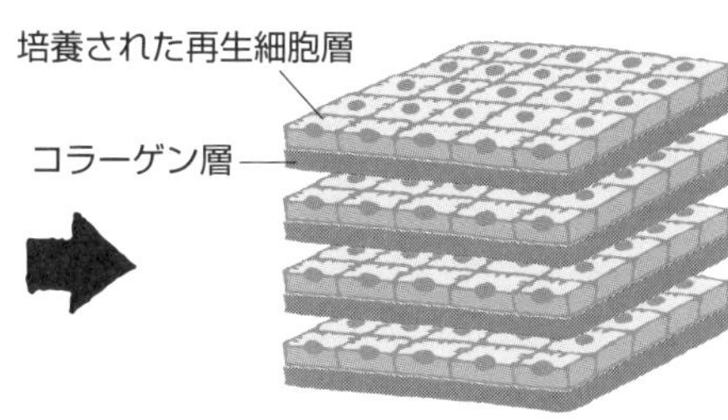

細胞シートを積層していく

100μm以上の積層細胞シート

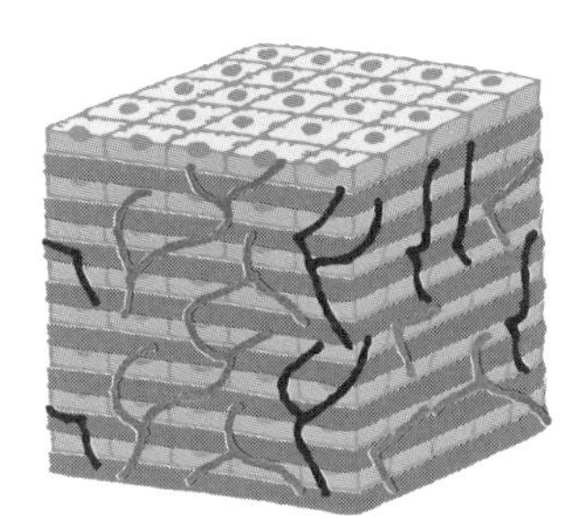

血管網が発達しコラーゲン層が
吸収された移植用組織

再生細胞を立体化する

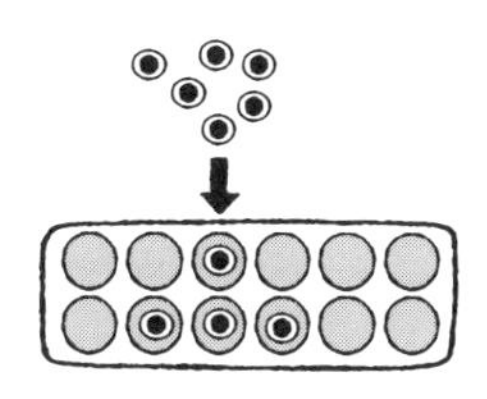

コラーゲンでつくった
「足場」に再生細胞を
定着させる

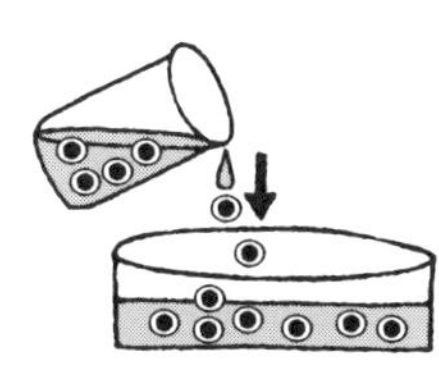

再生細胞と
コラーゲンゲルを
混ぜて型で固める

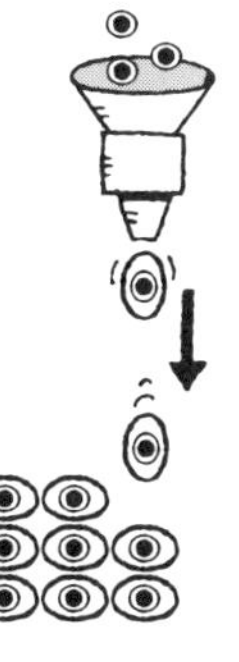

再生細胞と
コラーゲンゲルを
混ぜて3Dプリンターで
立体形成する

コラーゲンでつくった
チューブに再生細胞を
充填する

63 ドライアイにもコラーゲン

コラーゲン涙点プラグ

ドライアイは単なる目の乾きではなく、眼球を守るのに必要な涙の量が不足したり、涙の質のバランスが崩れることで涙が目に均等に行きわたらなくなったりする「涙の病気」です。パソコンやスマートフォンの長時間使用、エアコンの多用、そして高齢化に伴う体質の変化などが主な原因で、日本国内の潜在患者は2000万人を超えると言われています。そんなドライアイの対策にも、コラーゲンが活躍しています。

涙は、耳寄りの上まぶたの奥にある「涙腺」でつくられ、眼球の表面に分泌されます。そして、全体を潤しながら鼻側に上下2カ所ある「涙点」に流れ込むのです。その後は「涙小管→涙のう→鼻涙管→鼻腔」というルートを通り、最終的には消化器に放出されます。

ドライアイの原因のひとつは、分泌される涙が少なくなってくることです。それでも目が乾かないようにするには、涙点から排出される量を制限するしかありません。そこで、治療に使われるのがコラーゲン製の涙点プラグです。

この治療薬は医療に広く用いられているアテロコラーゲンを含む液体で、涙点に注入すると体温によりゲル化して涙小管をふさぎます。その結果、涙を眼球の表面に長くとどめておくことができ、ドライアイを防げるのです。抗原性が低いアテロコラーゲンですからアレルギーを起こす可能性が低い上に、注入後は少しずつ分解・排出され、自然に治療前の状態に戻ります。

コラーゲン涙点プラグによる治療は、注入から固まるまで10分ほどで済み、その日から洗顔や入浴が可能で通常通りの生活を続けられます。効果の継続期間は人によって異なりますが、1～3カ月はドライアイによる症状を軽くできるようです。コラーゲンの温度による変化と体への親和性の高さを利用した優れた治療方法と言えるでしょう。

要点BOX

- ●ドライアイは涙の病気なので治療は必要
- ●涙点をふさいで涙の排出を抑える治療が有効
- ●治療は数十分で終わり、効果は1カ月以上

コラーゲン・ゼラチンの温度変化の違い

0〜10℃

36〜37℃

ゼラチンの場合

ゲル状

液状

溶解させたゼラチンは低温では部分的な三重らせん構造を維持できゲル化する

体温近辺では三重らせん構造を維持できず液化（ゾル化）する

コラーゲンの場合

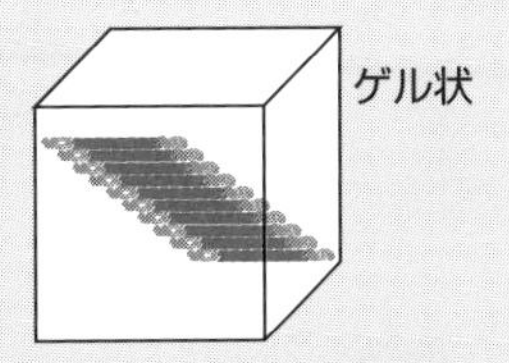

遊離したコラーゲンを液中に溶解・懸濁させると低温でその状態を維持する※1

体温近辺では体内と同様に会合してゲル化（固化）する

※1：これは遊離させたコラーゲン分子を低温の溶液と混合した場合となる。体温付近でゲル化した状態のコラーゲンゲルを再度低温に戻しても遊離した状態（溶解・懸濁した状態）には戻らない

コラーゲン涙点プラグの機能

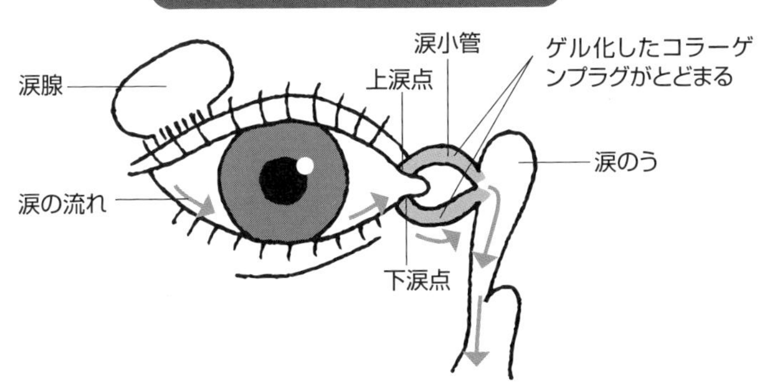

涙点からアテロコラーゲン溶液を注入する。アテロコラーゲンは温度上昇に伴い会合してゲル化し、上下の涙小管内をふさいで涙の流出を抑える

※この用途のコラーゲン溶液の保管温度は2〜10℃

64 「床ずれ」を防ぐコラーゲン

褥瘡対応食品

長期入院などで、ベッドで同じ姿勢をとり続けていると、持続的な圧迫により血流障害が起き、いわゆる「床ずれ」ができてしまいます。医療用語では「褥瘡（じょくそう）」と言い、最悪の場合、皮膚組織が死んでしまいますので見過ごすことはできません。

褥瘡ができ始めた直後の1～2週間は急性期と呼ばれ、この段階ではベッドに押しつけられている部位が赤くなる程度です。そのまま適正な処置をしないと慢性期に移行し、人によっては赤みが黒く変色してしまいます。さらに進行すると、深い褥瘡による傷は皮下脂肪や骨にまで広がることがあるのです。

もちろん、このような事態にならないように頻繁に姿勢を変えさせることが大事ですが、それと同時に患者の栄養状態にも気を配らなければなりません。というのも、褥瘡発症時には低栄養になっているケースが多いからです。病状や治療方法によっては食欲が落ちるため、特に注意する必要があります。

このような際に有効なのが、コラーゲンペプチドを使用した流動食品です。コラーゲンペプチド（コラーゲン加水分解物）を含む食品を積極的に利用したことで、患者の褥瘡予防効果があったという報告があり、床ずれと食品の関係に注目が集まっています。コラーゲンとその分解物は必須アミノ酸の一部を含んでいませんが、それは他で補うことができます。第7章で紹介した通り、一部のコラーゲンペプチドは皮膚に対する生理活性を持つと考えられ、これが一定の効果を示すのでしょう。

高齢化社会に入り、車椅子で生活する人も増えてきました。このような場合でも褥瘡の症状が現れることは多く、床ずれは入院患者だけの問題ではなくなっているのです。それだけに、どんな人でも十分な栄養が摂れるような食品の開発や、皮膚科学による褥瘡治療の研究など、コラーゲンの知識が新たな対策を生み出す切り札になるのかもしれません。

要点BOX

- 褥瘡（床ずれ）は重篤化すると危険
- 栄養状態が悪化すると進行が速まる
- コラーゲン入り濃厚流動食品が有効

褥瘡ができるメカニズム

筋肉➡

皮下
組織➡

持続的
な圧迫

真皮➡

表皮➡

褥瘡

ベッド➡

褥瘡へのコラーゲンの2つのアプローチ

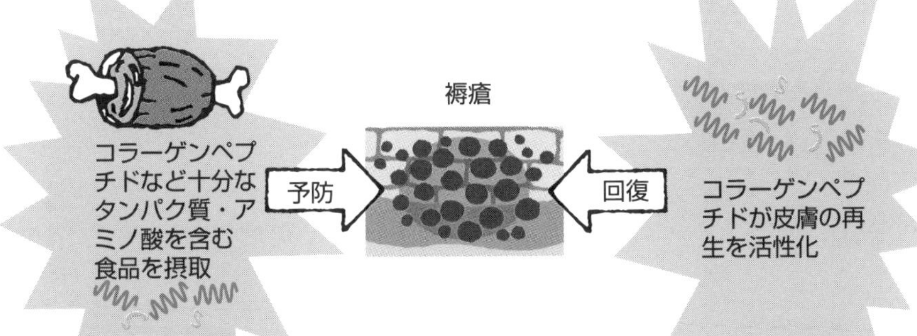

65 コラーゲンの過去と未来

ミイラから人工臓器まで

人類誕生以来、人はコラーゲンを食べてきました。そして、革としても長く使ってきました。アルプスの氷河から発見された今から5000年前のアイスマンは、コラーゲンが主成分である革のズボンや靴を履いていました。火を使い、肉を煮るようになってからは溶け出したゼラチンとしても食べ、その過程でゼラチンを他の用途に使うようになったのでしょう。ゼラチンは、古代エジプトのミイラの防腐や棺の接着、また、古くから家具や楽器のような木製品、絵具や墨の接着剤や粘着剤に使われてきました。また少し前までは、写真用フィルムやマッチなどで膨大な量のゼラチンが使われていました。

このような古いコラーゲン・ゼラチンの利用は減ってきています。しかし、それに替わって新たな利用と市場が広がってきています。機能性食品、化粧品、医薬品、細胞培養や人工臓器の素材など、みなさんの身の回りで新たな素材として使われ始めています。

その中で特に注目されているのが、iPS細胞を使った人工臓器や人工肉をつくるための細胞の足場で、これらにはコラーゲンが欠かせません。

コラーゲンを機能性素材ととらえた場合、コラーゲンをプラスチックのような素材とすることも考えられています。他にも新たな機能性皮革・生分解性のフィルムや不織布に変えることができれば、ヒトと同じ感触を持ったロボットの皮膚、3Dプリンターで作製した人工臓器、自然に分解して肥料になる農業用資材など、これまでと違った自然に優しい素材を生み出すことができるでしょう。また、コラーゲンに関わる病気や難病の治療法の研究の過程で、新たな機能が見つかるかもしれません。

体の中でのコラーゲンの役割や動物間での違いなどの科学的知見、それとまったく別な産業利用という2つの面で、コラーゲンの科学的知見・利用は今後もどんどん進んでいくでしょう。

要点BOX
- ●人類とコラーゲンの関わりは古い
- ●古い利用は減って新しい利用が生まれる
- ●研究と利用の2つの面で広がっていく

コラーゲン利用の変遷

時代	出来事
5,000年前	アイスマン·衣類·靴は革製品
2,500年前	エジプトのミイラ、棺·調度品で膠使用
2,200年前	中国、墨の発明
紀元前1世紀	オルガンの発明（接着剤に膠）
610年	墨の伝来·正倉院の船形墨
中世（1550年頃）	オリエント·バイオリンの発明（接着剤に膠）
1690年	工業規模で皮からのゼラチンの製造が始まる
1827年	マッチの発明
1840年	骨ゼラチンの利用が始まる
1864年	写真用フィルム·乳化剤としてゼラチンが使用される
1876年	国産マッチの製造開始
1960年	コラーゲンの可溶化の特許出願、コラーゲンケーシングの実用化
1978年	化粧品用コラーゲンが製品化
2000年頃	再生医療分野での利用が徐々に広がり始める
2007年	魚由来ゼラチンカプセル
2015年	消費者庁による機能性表示（コラーゲンドリンクの機能性表示が可能に）、食品の固め剤としての利用が広がる

コラーゲン製品の利用動向（皮革以外）

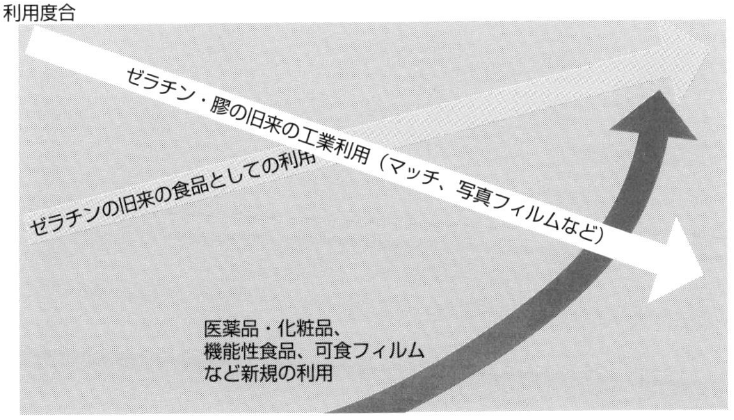

Column

コラーゲンを撮影するといろいろなことがわかる

生体内にある多くの物質は、分子が小さ過ぎて写真に撮るのが大変です。電子顕微鏡でも撮影できないものが多数で、研究者の苦労が絶えません。ところが幸いなことに、コラーゲン分子は会合すると巨大な集合体になるため比較的撮影がしやすく、そのことが実態の解明に大いに役立ってきました。ここでは、そのいくつかを紹介しましょう。

最初の4枚はI型コラーゲン線維の電子顕微鏡写真です。A（右上）は低倍率で全体が見えるように撮影したもので、線維の絡み具合がわかると思います。

B（左上）とC（右下）はI型コラーゲンがずれて会合しているところで、67nmの明暗がはっきりと見え、分子の特性を可視化することに成功しました。D（左下）は断面図で、線維が密に並んでいる様子がわかるはずです。

もう1枚の下の写真で、手に持っているのは脱灰した（カルシウムを除いた）骨です。これこそがコラーゲンの塊であり、この本の最後に紹介しておこうと思いました。

●コラーゲンの写真

【参考文献】

・「新版 皮革科学」日本皮革技術協会 編　1992
・「コラーゲン物語」藤本大三郎 著　1999
・「細胞外マトリックス研究法」コラーゲン研修会　https://www.collagen.center/collagen
・「コラーゲンと美容・健康を語る」白井邦郎 著　2002
・「コラーゲンの話」大崎茂芳 著　中公新書　2007
・「コラーゲン完全バイブル」真野博 著　幻冬舎　2011
・「コラーゲンとゼラチンの科学」和田正汎・長谷川忠男 編著　建帛社　2011
・「コラーゲンからコラーゲンペプチド」日本ゼラチン・コラーゲンペプチド工業組合PR委員会 技術委員会（合同委員会）監修　2014
・「コラーゲンの製造と応用展開Ⅱ」谷原正夫 監修　シーエムシー出版　2020
・「膠の基礎知識」膠文化財研究会　http://nikawalabs.main.jp/index/?page_id=785
・「コラーゲン 基礎から応用」東京農工大学硬蛋白質利用研究施設 編　インプレスR&D　2020
・渡部睦人、野村義宏　「コラーゲン今昔物語」～はじめに～　皮革化学: 58(2), 47-50, 2012.
・渡部睦人、野村義宏　「コラーゲン今昔物語」～コラーゲンの利用分野～　皮革化学: 58(3), 93-99, 2012.
・渡部睦人、野村義宏　「コラーゲン今昔物語」～化粧品としてのコラーゲン～皮革化学: 59(1), 1-8, 2013.
・渡部睦人、野村義宏　「コラーゲン今昔物語」～膠とゼラチン～　皮革化学: 59(2), 41-48, 2013.
・渡部睦人、野村義宏　「コラーゲン今昔物語」～医療用途でのコラーゲンの活用～　皮革化学: 59(3), 99-106, 2013.
・渡部睦人、野村義宏　「コラーゲン今昔物語」～可食性フィルム～　皮革化学: 60(1), 1-5, 2014.
・渡部睦人、野村義宏　「コラーゲン今昔物語」～コラーゲンの生化学～　皮革化学: 60(3), 85-94, 2014.

サ

タ

索引

今日からモノ知りシリーズ
トコトンやさしい
コラーゲンの本

NDC 464.2

2023年3月30日　初版1刷発行

©著者　野村 義宏
発行者　井水 治博
発行所　日刊工業新聞社
東京都中央区日本橋小網町14-1
(郵便番号103-8548)
電話　編集部　03(5644)7490
販売部　03(5644)7410
FAX　03(5644)7400
振替口座　00190-2-186076
URL　https://pub.nikkan.co.jp
e-mail　info@media.nikkan.co.jp
印刷・製本　新日本印刷(株)

●DESIGN STAFF
AD――――――志岐滋行
表紙イラスト――――黒崎　玄
本文イラスト――――小島サエキチ
ブック・デザイン――黒田陽子
岡崎善保
大山陽子
(志岐デザイン事務所)

●
落丁・乱丁本はお取り替えいたします。
2023 Printed in Japan
ISBN　978-4-526-08269-6　C3034

●著者略歴
野村 義宏(のむら よしひろ)

1990年　東京農工大学大学院連合農学研究科博士課程修了(農学博士)
2013年　東京農工大学大学院農学研究院・教授
コラーゲンをはじめとした硬蛋白質の基礎から応用までの研究に従事。

●主な著書
『コラーゲン 基礎から応用』(共著)インプレスR&D、『コラーゲンの製造と応用展開』(共著)シーエムシー出版など

●執筆協力
石川 憲二・宇津 宏

●編集協力
渡部 睦人

TT